名誉主编 马国馨
主　编 金　磊
　　　　洪再生

U0248562

建筑评论
Architectural Reviews
14
北方设计院"匠心·创新"设计论坛

天津大学出版社
TIANJIN UNIVERSITY PRESS

名 誉 主 编	马国馨
主 编	金磊 洪再生
常务副主编	李 沉
编辑部主任	朱有恒
编辑部副主任	董晨曦

| 支 持 单 位 | 天津大学建筑规划设计研究院 |
| | 中国文物学会 20 世纪建筑遗产委员会 |

学术指导（按拼音首字母排序） 薄宏涛 蔡云楠 崔 愷 崔 彤 戴 俭 方 海 傅绍辉
桂学文 郭卫兵 韩冬青 韩林飞 杭 间 和红星 何智亚
胡 越 贾 东 贾 伟 李秉奇 刘伯英 刘 军 刘克成
刘临安 刘晓钟 刘 谞 路 红 马震聪 梅洪元 孟建民
倪 阳 钱 方 屈培青 邵韦平 孙宗列 王 辉 王建国
王 军 王时伟 汪孝安 伍 江 徐 锋 徐行川 许 平
薛 明 杨 瑛 叶 青 张 雷 张伶伶 张 颀 张 松
张 宇 赵元超 周 恺 朱文一 庄惟敏

图书在版编目（CIP）数据

北方设计院"匠心·创新"设计论坛／金磊，洪再生主编 . — 天津：天津大学出版社，
2018.4
（建筑评论）
ISBN 978-7-5618-6105-9

Ⅰ . ①北 ... Ⅱ . ①金 ... ②洪 ... Ⅲ . ①建筑设计 — 学术会议 — 文集
Ⅳ . ① TU2-53

中国版本图书馆 CIP 数据核字（2018）第 064409 号

策划编辑	金 磊 韩振平
责任编辑	郭 颖
装帧设计	魏 彬 魏 彤

出版发行	天津大学出版社
地 址	天津市卫津路 92 号天津大学内（邮编：300072）
电 话	发行部：022-27403647
网 址	publish.tju.edu.cn
印 刷	北京华联印刷有限公司
经 销	全国各地新华书店
开 本	149 ㎜ ×229 ㎜
印 张	10
字 数	170 千
版 次	2018 年 4 月第 1 版
印 次	2018 年 4 月第 1 次
定 价	26.00 元

目 录

目 录

Contents

工业综合院的特色改革新路
——"匠心·创新"学术研讨会在河北召开

费麟　　　　孟建民　　　　张宇　　　　沈迪　　　　桑卫京

姜泽栋　　　　孙兆杰　　　　郭卫兵　　　　郝卫东　　　　孔令涛

剧元峰　　　　岳欣　　　　武勇　　　　叶依谦　　　　曹胜昔

曹明振　　　　金磊

编者按：2017 年 5 月 23 日，"匠心·创新"学术研讨会在河北省石家庄举行。本次活动由河北省工程勘察设计咨询协会、河北省土木建筑学会建筑师分会、石家庄市工程勘察设计咨询协会主办，由《中国建筑文化遗产》《建筑评论》编辑部与北方工程设计研究院有限公司（以下简称"北方设计院"）共同承办。中元国际工程设计研究院资深总建筑师费麟，中国工程院院士孟建民，全国工程勘察设计大师张宇、沈迪，北京市建筑设计研究院有限公司副总建筑师叶依谦，河北省建筑设计研究院副院长、总建筑师郭卫兵，《中国建筑文化遗产》《建筑评论》主编金磊，河北省住房和城乡建设厅副厅长桑卫京，河北省住房和城乡建设厅建筑市场与工程质量安全监管处处长翟佳麟，河北省工程勘察设计咨询协会常务副会长、秘书长王增文，河北省土木建筑学会建筑师分会理事长张洪波，北方设计院董事长姜泽栋，北方设计院总经理、首席总建筑师孙兆杰，北方设计院副总经理曹胜昔，北方设计院总经理助理曹明振，河北九易庄宸科技股份有限公司总建筑师孔令涛，河北北方绿野建筑设计有限公司董事长郝卫东，石家庄铁道大学建筑与艺术学院院长武勇，河北大成建筑设计咨询有限公司董事长岳欣，石家庄市建筑设计院总建筑师剧元峰等全国建筑界、规划界知名专家学者出席，北方设计院中青年建筑师两百余人参会。本次研讨会围绕十余年来北方设计院以匠心和创新完成的百余所国内高校建筑以及几十项公共办公建筑等精品工程及其实践经验展开讨论，堪称"新八字"建筑方针下的一次建筑评论的突出实践，全国及省内设计大家，围绕北方设计院的设计作品展开"问诊"，这本身不仅仅是开行业"先河"的创新之举，更是可称赞的理论联系实际的大胆建筑评论之举，展现了北方院大发展的过人"胸怀"。研讨会共分为三个阶段，第一阶段和第三阶段由金磊主编主持，郭卫兵院长与曹胜昔总经理主持了第二阶段的专家交流环节。

第一阶段：嘉宾致辞及主题报告

金磊（《中国建筑文化遗产》《建筑评论》主编）：
首先代表北方设计院介绍会议的初衷与主旨。北方设计院是国有大型设计院，我们逐渐了解北方设计院以后，真切感受到北方设计院确实是实力强劲的兵工企业，其规模可与北京院（北京市建筑设计研究院有限公司的简称，下同）、上海现代集团（上海现代建筑设计（集团）有限公司的简称，下同）等国内大型设计院比肩。2017 年它恰好迎来了 65 周年华诞，今天的会可以看作院庆的起始。回望 2014 年 9 月 25 日，我们《建筑评论》编辑部在北方设计院召开过一次"中国兵器特色的产业园设计"建筑师茶座，并邀请到马国馨院士参会。应该说通过这些活动，大家慢慢认识到北方设计院在横贯岁月经纬、厚载设计坐标的一系列丰碑中的位置。因为在 20 世纪 50 年代苏联援建中华人民共和国的 156 项工业项目中，就有 21 项是兵器院（北方设计院的前身）做的。企业转型以后，北方设计院做了许多工业产业园规划，进行了大量的科研建筑设计，非常不简单。

今天我们就两个方面做研讨，第一是高校建筑。作为一家兵工设计院，北方设计院在全国高校建筑中取得了惊人的成绩，竟然设计了百余所高校。我们翻阅了北方设计院的管理文件，发现有这样一句话：全价值链体系化精益管理战略。我认为这是他们让工业综合院做强、做活的特色改革新路。第二是匠心。匠心泛指工匠精神，今天在座的有若干位实至名归的设计大师，孟建民院士、张宇大师、大师的老师费麟先生以及我们河北省内的若干位大师。大师不仅仅是行业评出来的头衔，更代表了精湛的技术和良好的口碑。前段时间我们为周恺大师获"梁思成奖"拍摄了一部短片，周总在整个过程中反复强调："金磊，我就是一个匠人，就是个画图的，不要给我拍得太好，我的形象一出来马上淡化。"2016 年我们编了一本书叫《建筑师的自白》，书中记载了一位大师的话："很少有年轻建筑师承认自己是个匠人，好像自己会被低估了一样，可我现在越来越觉得建筑师就是一个从事建筑工作的匠人，一个有社会责任感的手

会议现场一

艺人。"建筑界当下并不缺工匠,甚至不缺工匠精神,但缺少一种支撑工匠精神的"匠心文化"。现在业界的许多意识与观念误解、低估了匠心的丰富内涵。我认为这个内涵至少应该包括设计的质量意识、设计的人文精神、精雕细琢的技术能力。创新在当下已经成为显学,无论何事何物,只要与创新沾边,好像就完全不一样了,而建筑设计该如何创新? 12 年前张钦楠先生写过一本名为《特色取胜》的书,他认为建筑师要内外兼修,有这样本领的建筑师才有可能创新。北京院的叶依谦总建筑师主持 3A2 设计所,这些年他们在创新问题上有很多探索,他把探索归纳为四个字:研发建筑。很多大师都有自己的创新模式,北方院在高校建筑与公共办公建筑方面也有很多创新亮点,随后请听孙总为大家介绍。

从设计历史的角度,如果勾勒一下创新的路径,我认为有三点:创新是一个探索的过程,创新是一个渐进的过程,创新更是设计机构综合管理能力得以聚集并迸发的过程。基于匠心和创新这两个概念,我相信今天的研讨是一场建筑设计界的思想盛宴。

优秀建筑设计与评价不能缺失"新八字"建筑方针的标准。今天的研讨会是建筑评论的一次实践,为什么这样说?从国家层面来看,"京津冀一体化"概念讨论好几年以后,中央决定建河北雄安新区,它将是怎样战略框架下的新型城市?建筑师、规划师都应该思考这个问题。2017 年 5 月 15 日,"一带一路"国际合作高峰论坛落幕,共建人类命运共同体的开创实践从理念转化为行动、从愿景正在变为现实,它对沿线城市的传承与新建设将带来什么? 2017 年 5 月 10 日是国务院刚刚公布的中国品牌日,它在昭示内化于心、外化于形的创新智慧、创新设计的品牌建设,应该给建筑设计与中国品牌一些发展的新途径。中国建筑学会、中国文物学会评选第二批 20 世纪建筑遗产工作启动。2017 年 5 月中旬,住建部颁发了工程勘察设计行业发展"十三五"规划,有三条意见特别重要,一是强调创新体系,二是一定要执行"新八字"设计方针,三是大力倡导建筑评论。建筑设计创新重在处理建筑与城市的接续、找寻传统与创意设计的关联。北方院一系列作品在省内外乃至全国都是令人瞩目的,如果说省办公楼这样的新项目营造出大气庄严、朴素典雅的亲民气质,如同城市的客厅,那么贵州的职业学院则是北方院在近百个高校建筑创作经验的积淀下,秉承人文日新、回归教育建筑本原的新尝试。今天北方院以谦恭的态度邀请全国及省内设计大家围绕两个工程进行问诊,这本身不仅仅是开行业先河的创新之举,更是理论联系实际的建筑评论之举。

姜泽栋（北方设计院董事长）：

尊敬的孟院士、各位大师，尊敬的桑厅长、各位领导，亲爱的同志们，我们期盼已久的北方设计院大盛事——"匠心·创新"论坛今天开幕了。请允许我代表北方工程设计研究院全体干部、职工对各位大师和领导的莅临表示热烈欢迎！多年来，北方设计院得到了各位大师和领导的关心、支持和厚爱。在此，我代表北方设计院向你们表示衷心的感谢！

大家都爱看我们的国庆阅兵仪式，看滚滚的铁流。我们所有的装甲车辆，从陆战之王的坦克到指挥运兵车，从战争之神的火炮到我们梦想手握的钢枪，这些培养学生的大学，这些从事研究的院所，这些从事制造的工厂从策划、规划、设计、建造到最后的交钥匙工程，（这些装备、建筑、工程项目）绝大部分都是由我们北方设计院的人来完成的，包括我们在亚非拉发展中国家的兄弟们。正如刚才金主编所说，"一五"期间苏联援建的 156 个项目中，有 21 个项目是由北方设计院完成的，从选址勘察到工厂管理指导，从三线建设到三线出山，最后到退城入园。我们不但要把国防的事情做好，更要把国民经济建设的责任承担好，深入贯彻习近平总书记提出的大政方针——军民融合。于是，我们看中了民用板块。在这里，以孙兆杰为代表的北方设计院的建筑师们为北方设计院的发展，用北方设计院的智慧在中华大地和亚非友邦写下了浓墨重彩的一笔。孙兆杰同志和我说："你是厂长，是我的用户，我给你设计的建筑，不但是你智能制造的载体，而且是数字化的、让你感觉到激情迸发的和谐场所，同时，大跨度、强震动、高腐蚀、稳定的电压电流、纯净的水和空气，包括更加苛刻的试验条件，也是建筑的一部分。但从建筑学来说，我要让它好用，让你满意，更要让它耐用。我们的建筑是百年大计，我要让你一看就忘不了，愿意在这里工作、学习和生活，我更要让它耐看，因为它是无声的语言，是能够让人

会议现场二

多少年以后还能够回味的一段乐章和音符。"所以，我以厂长的身份进入了勘察设计行业，也走进了我们建筑师的队伍。

今天有幸把各位大师请来，把我们的领导请来，大家一起探讨我们的匠心和创新，来为我们北方设计院传经送宝，也和我们兄弟，和我们总经理、总建筑师

孙兆杰同志共同分享，匠心怎样才能独具？那是观察的结果、学习的结果、积累的结果。创新怎能连续？就我们建筑来说，没有匠心就没有创新，没有匠心的持之以恒就没有创新的可持续发展。

王增文（河北省工程勘察设计咨询协会常务副会长、秘书长）：

在这里，我谨代表河北省工程勘察设计咨询协会对"匠心·创新"研讨会的召开表示热烈的祝贺！对各位业内的学术泰斗和建设厅领导的到来表示衷心的感谢！希望通过这次研讨会，我省的建筑师真正能够以持之以恒的匠心精神与创新务实的作风、以更精工的作品展示我省建筑师的风采，希望咱们北方设计院的发展越来越好。

孟建民（中国工程院院士）：

北方设计院是一个非常有实力的大院，据了解北方设计院是部里第一批搞工程和设计总承包的单位。现在我们深圳院（深圳市建筑设计研究总院有限公司的简称，下同）也准备搞总承包工作，后面我们还得向北方设计院多学习。

今天的主题是"匠心·创新"，我看到题目以后，心想是不是应该把这两个词倒一下，叫作创新和匠心。我之所以这么思考，是因为做设计首先要搞一个理念，然后是做设计，最后是出施工图，有一个这样的过程。当然，原来的顺序也是有道理的，匠心是我们当前特别缺的精神。我们搞创意，大谈设计想法，在这方面已经和国际水平不相上下了。但是，我们在匠心方面，尤其是在施工图的深化、做精方面还有欠缺。所以用匠心和创新这样一个顺序也是对的，要强调匠心，匠心就是要把我们的设计做到精益求精，不仅要有想法，更要有好的做法。我认为这个题目选得很好，这样的安排也是非常对的。

今天我们以北方设计院的经典项目作为展开讨论的话题，让我们在匠心和创新两个方面听听大家的心得和体会，也交流一下大家的想法和创意。

孙兆杰（北方设计院总经理、首席总建筑师）：

北方设计院从 20 世纪 80 年代初才开始进行民用设计，当时我们北方设计院分专业科室。我 1983 年到院，当时下面分好几个组，有光学组、枪炮组、车辆组、坦克组等，我被分到第五组民用组。为什么有民用组呢？当时兵器部有几个大学，现在叫南京理工大学、北京理工大学、太原职业学院、长春光机学院，等等。那时大学还没有大规模建设，就是做一些教学楼、图书馆设计。我非常幸运，一毕业就分在这个组，做的就是大学设计。

今天我们谈大学，谈办公建筑，重点在大学这个方面，我想简要回顾一下我们院做大学设计的历程。第一阶段主要做以校园单体建筑为主的建筑设计。第二阶段开始强调开放性，注重交往空间的营造，进入学科间的交融阶段。第三阶段主要打造复合型高校，利用信息化技术，符合社会化职能，构建学科群，核心强调规划、建筑、景观、室内在不同时段的相互迁移和支撑作用。我们在此过程中慢慢摸索出这样的体悟：在大学里做设计，既不是做规划，也不是搞单体。特别是在投标的时候，要把建筑、规划、景观、室内等部门凝聚成一个团队，齐头并进，当规划需要的时候规划牵头，当建筑需要的时候建筑牵头，各部门积极参与方案创作，打造复合型高校。第四阶段建立在前三阶段的基础上，要以人文生态为出发点，以国家发展战略和地方需求为结合点，以产业为主导。我们现在做一些冲刺，也在贵州电子科技职业学院做了一些尝试，等于是第四个阶段的起步。

20世纪80年代之前，北方设计院基本在做军工，80年代初期开始做大学，这是做大学的第一阶段，我就赶上了这个阶段。我是非常幸运的，进入设计院就跟着院里的老前辈学设计。80年代初的时候我们院设计了一些学校，比如华东工程学院，现在叫南京理工大学。1985年我作为负责人设计了太原机械学院的综合楼，1.5万平方米，包括临时图书馆、实验室、教学楼、阶梯教室，当时画的一张效果图，还有幸参加了1987年中央美术馆办的全国建筑画展，后来选入画册。

会议现场三

第二阶段从 2001 年开始，这时全国开始兴建大学，而且多是学校搬迁，我们抓住了机会。河北农业大学新校区规划设计，是个一千多亩地的大项目，当时我们和几家国内知名设计单位共同竞标。这是我们第一次做完整校区的项目，有九位专家参与评审，我们这个方案获得全票通过，开启了我们做大学校园整体规划设计的新篇章。当时设计过程也颇为艰辛，遇到问题我就翻《建筑学报》，发现清华大学高冀生教授写了好多有关大学校园规划的理论性文章，我就拿来读，读完以后还有不明白的，就带着我的创作团队找到高教授，请先生指点迷津。之后还找到关肇邺院士，他的指导对我们的帮助很大。可以说这个项目汇集了社会大家的资源，我们才能够中标，这给了我们极大的信心。此后，我们通过竞标又设计了河北工业大学，现在也在建设当中。不久，我们便走出河北省，参与了中国矿业大学南湖校区的竞标，当时在专家评审、领导评审、师生投票中，我们都是第一名，但因为各种原因该项目未能实施。

第三阶段从 2003 年开始，我们着手打造复合型高校，利用信息化技术，符合社会化职能，构建学科群核心。我们参与设计了东华理工大学南昌校区、承德医学院、北京理工大学良乡校区、北京航空航天大学工程培训中心、北京广播学院以及北京电影学院的一些项目。承德医学院是我们做的山地建筑的案例。结合山势，做成沿着山势走的宿舍布局，效果还是不错的。

第四阶段主要从 2015 年开始，结合国家战略发展的需求，我们提出了一些大学创作的新思路，在原有建筑、规划、室内的创作中考虑了人文、生态、信息，等等，最主要的是产业主导。我们有幸在贵州电子科技职业学院项目中实践了这种理念。这所学校在贵安新区，贵安是一个完全新建的国家级开发区，跟雄安类似。当地的领导们认为在这样一个新兴区域里必须建一所大学。2015 年我们中标，2017 年学校已经开始招生了。当时投标方案采用了颇具贵州地方特色的青瓦顶，后来贵安新区领导带着贵州省常务副省长审查，将青瓦顶改成了红屋顶。《贵安新区建设导则》还是以深色灰瓦屋顶为主，只有这个学校建成了红屋顶。

从国家战略背景讲，贵州是连接"丝绸之路"经济带和 21 世纪海上丝绸之路的关键节点和核心腹地；在国家产业上有大数据，贵安是支撑国家走出去战略和承接产业梯度转移的重要腹地；从重要性来讲，贵州是欠发达地区，通过贵安新区能够提升区域经济，所以贵安电子科技职业学院承担着国家大数据产业的重要使命。

北方设计院这些年完成了一百多所大学的设计。我们编了一本书，请宋春华部长作序，他对我们的工作给予肯定，也对我们寄予很大的希望，希望我们在大学设计方面有更大的发展。

另外，我希望与大家分享的是我们院办公建筑的业务。我们设计了石家庄市公安局、河北省质量技术监督局质检大楼、河北食品药品检验检测中心、中商大厦，等等。政务类办公楼我们设计了河北省政府办公楼，其实我们是在"十八大"之前完成设计的，这个项目批准开工的时候，我们施工图都做完了。但是"十八大"召开后贯彻了新要求，允许建楼，但标准必须改，包括外装、内装，办公面积以及内部功能全改了，好在保留了原有的空间尺度。河北省政府办公楼建在河北师范大学的老院里，老建筑都拆除了，只保留了田家炳楼，新建了餐饮服务中心、省长办公楼、会议中心以及办公厅的办公楼。我们把规划、景观同时引入，并且在景观设计里植入技术理念，设计了几个有特色的点。比如我们设计了几个运动休闲步道，考虑到北方一到冬天会产生大量静电，而研究证明静电对人体损害很大，所以在步道两边设计了喷雾，产生湿度，当人们路过的时候能把身上的静电释放掉。

这么多年来，北方设计院一直在默默地、踏踏实实地做设计，我们有一个共同的理念——做经济、实用的设计。相较于国家体育场、国家大剧院，那些应该是时装大师的作品，我们就做一点有质量的服装，让大家穿着能走在大街上。时装作品必须有，它是我们行业和时代的引领者，但时装毕竟在 T 形台上，离民间还有一定距离，北方设计院要坚持做经济、实用的设计。

我们院开展民用设计的历史很短，从 20 世纪 80 年代初期的民用组，到 1998 年成立民用所，北方设计院一直有民用板块，目前设立了九个机构，有两百多位建筑师。民用所走到今天也很彷徨，恳请各位专家、各位老师给我们多多指点，对于北方设计院的发展，看看这条路走得对不对，以及接下来还要怎么走，希望给我们一些建议，谢谢！

第二阶段：建筑师学术交流
第一场建筑师学术交流
主持人：郭卫兵
交流嘉宾：孟建民、叶依谦、郝卫东、武勇、曹明振

郭卫兵（河北省建筑设计研究院副院长、总建筑师）：
孙兆杰总建筑师就北方设计院十多年里对两个类型建筑的探索和实

践做了报告。我一直在认真听,希望他能在比较短的时间里分享他的设计手法,显然由于时间关系,孙总没有在这方面做过多解读。今天,这么多院士、大师在一起,我们可以围绕校园建筑、高校建筑谈得更宽泛一点,这样能为大家在以后的建筑创作实践中提供更多的有利资源。

一百多所高校建筑和规划是一个惊人的数字,北方设计院付出了非常多的努力。首先,北方设计院是一个央企,但在我们心里,北方设计院更代表河北本土的建筑师,他们在这方面取得了不凡的成就,我们也引以为豪,并且真诚地希望在高校建筑领域北方设计院有更多的探索。

我们谈一下和高校相关的一些事情。我今年(2017年)借出差的机会去了三所高校,分别是我的母校天津大学、武汉大学以及清华大学,我突出的感受就是高校的文化特性对一个城市的风尚有着很强的影响力。如我在樱花季的一天晚上去了武汉大学,看到那些漂亮的、依山而建的宿舍,激动不已,一帮中年人在那里,感觉自己重新回到了文艺青年的岁月。前两天我又去了清华大学,发现校园里有种强烈的人文特征,我非常渴望骑着单车在清华大学里走一走,看一看。我希望各位嘉宾也能谈谈高校文化特性对一座城市风尚的影响,也可以结合您自己的母校。

孟建民(中国工程院院士):

过去感觉设计高校最多的是华南理工大学,他们做了两百多所校园,今天听孙总讲北方设计院有一百多个项目,也是不得了的量,而且通过案例可以看到做得不错,整体布局让我感觉很舒服,说明孙总的团队能做一百多所院校是有实力的,以后还得在这方面向你们学习。

刚才郭卫兵总建筑师讲到学校在文化方面对城市的影响。我本人也做过一些高校设计,很少,不超过十所。我们前两年中标喀什大学的设计,喀什是深圳对口援建的城市。我补充一句,实际上在招投标过程当中,得第一名的不一定是最好的,没得第一的也不一定差,但能得第一名肯定说明有水平。我们得了第一名,当时何镜堂院士也参加了。我们当时做的总体规划得到认可是因为两个突出的特点:第一,我们特别强调紧凑性、集约和尺度的关系,很多高校做得尺度很大,有多大地全要铺满,我们有意识地在尺度上设计得更人性化一点,这方面得到专家认可;第二个特点是预留发展空间和余地,不要一次建完。这是我做高校的一些体会。

讲到高校建筑文化性对城市的影响,我非常反对搞"大学城运动"。但是,并不能因为反对我们就不应对、不接项目,因为这是我们任何一个设计单位、任何一个建筑师都不可左右的问题。为什么走在新建的高校校园里感觉没有老校区舒服？老校区是成长起来的，不是一次性建成的，是一砖一瓦逐步建设发展的，有积淀过程。我们现在两三年建造出来的校园缺失了历史感。由于面广量大、时间短，建筑师也很难详细、精心地推敲、打造。这其实不能怪建筑师，建筑师想做好，想要拿出充分的时间来打造精品，但短期行为、急功近利导致很多校园是匆匆忙忙搞出来的。我们是政策的执行者，不是政策的制定者。我经常搞评估，新校园的文化性、对师生环境的滋养效果大家都有体会，普遍追求高大上，尺度都偏大。一个校园对城市的文化肯定是有影响的，近十几年、二十年做的校园应该说有非常大的缺憾，缺憾是政策导致的，这是我的观点。

郭卫兵：

孟院士是直率的人。我原来一直想从正面角度谈校园的文化性，而孟院士提出了新校区和旧校区在文化性方面的差距。我也准备了另外一个话题，就是活力的问题。原来的高校规模比较小，我们上学的时候八九千人就算规模很大了，现在随便一个学校就有两三万人。而最具活力的一群人聚集在新校区里，我觉得有两个损失：一是学生和城市之间的关系，学生在文化滋养方面有些问题；另外，我认为我们的城市也缺少有活力的人群。下面请叶总谈谈这方面的见解。

叶依谦（北京市建筑设计研究院有限公司副总建筑师）：

郭卫兵总建筑师是我的同门师哥，所以我们对天津大学可能有共同的记忆。其实我家住南开大学里，对天大、南大的发展过程印象非常深。几十年甚至上百年的老学校都是在城市里一点点生长的。我调研过好几个传统大学的规划，包括天大、南大、北航、清华，也做过很多规划，我发现这些校园在整个建设过程中，每一版规划修改、变革的过程都很有意思。它们每隔几年就会改，调整得跟原来的规划不一样，没有一版规划是从头至尾贯彻到底的，中国现在好像没有大学能够做到。我们上学的时候，南大占地近3万亩，比天大的规模小一半，大概有2万人，学校感觉还是挺有活力的。我在北京做学校做得多，天天围着北航、北理工转，在他们老校区也有这个感觉，整个学校的色彩包括学生的状态都是朝气十足的，我进校园后也会不由自主地被感染，因为里边全是年轻人，在那种有着历史积淀的氛围里，人会觉得自己的活力又被激发了。

而新校区受各种因素影响，有的圈好大一块地，盖的时候可能又空出很多地。新的学校大多是一次建成的，但师资力量的分配、学生的分配永远都是很头疼的事，学生不可能一次到位。现在各个地方正在抢夺优质高校资源，比如深圳就有清华、北大、人大的很多分校区，都是地方政府在投资给地，甚至连开办经费都投，但学校一来，它的师资、办学条件就要从本部拆分出去，这也是挺头疼的。我去过的新建校区都是这种情况，没人气，只有一堆空房子或者一堆空地。这个状态好像是中国特色，只能靠时间去消解这种爆炸式的增长弊端。

我挺认同孙总说的结论部分，像我们这样的大院，做的都不是走T形台的项目，侧重于从功能角度考虑。刚才孙总讲到第四阶段，我认为他们做高校的经验很好，而且在迭代发展。他们提出"产业主导"这个词，实际上建筑师是想办法从使用角度替业主找解决方式。

郭卫兵：

今天我们也有高校的老师在这儿，请武勇院长谈一谈您的学校，您对老校区的感受或者对它的畅想。要改造老校区或者搬到新校区，您会有什么样的感受，有什么样的需求？

武勇（石家庄铁道大学建筑与艺术学院院长）：

郭总又给出一个命题。实际上刚才前两位已经说了，大学实际上从20世纪90年代开始出现了跨越式的、非自然生长的发展状态，这导致我国高校出现了三种形态：一是大学城，二是新校区，三是老校区。老校区里怎么进行规划、设计、改造？实际上老校区是自然生长的，有相

会议现场四

对比较长时间的文化积淀。我在老校区里干了三十多年，对校园里的一草一木都有很深的感情。最近我也走访了很多学校，新建的大学给我的感触是缺人气，缺自然生长的底蕴。刚才叶总说了要靠时间堆积，孟院士也说这不是建筑师能够把控的状态，因为不光是高校，各行各业经过改革开放以后都在经历跨越式的飞速发展。老校区毕竟空间有限，基本上很难满足学校进一步的发展，但大学聚集区的出现也会产生很多问题。从学校角度来说，大学城是知识密集型的地方，但在知识资源的分享、知识协同创新这块还有很大缺陷。如何发挥密集型的集聚效应，我想这个不仅是学校需要考虑的问题，从规划设计角度也应该认真研究，既然出现这种状态，我们如何让集聚效应发挥到最大？

郭总提到校园文化朝气，实际上随着现代教育的不断发展，高校的教学方式、教学模式、教学理念不断更新，它会决定我们高校建筑的发展状态，建筑要适应我们新的教学方式和教学模式；同时，高校建筑创新在一定程度上可以促使我们教学模式、教学方式的进步，我认为这是相辅相成的。所以，从规划设计角度来说，我们应该结合高等教育的特点，在校区规划建设中寻求改变。

郭卫兵：

武院长作为高校建筑的使用者，谈得很好。我也在思考新校区到底缺乏什么。我认为可能不缺创新，缺的是匠心。我们过去的一些老学校、老校区里的建筑和建造方式确实是用匠心设计的，那在新校区建设里，结合我们教学方式的改变进行创新，也是匠心的体现。郝卫东董事长也是一位高校的设计者，北师大新校区的建筑师，我认为那个校园设计得挺好，尤其两个大门做得很有匠心，请您谈谈设计的体会。

郝卫东（河北北方绿野建筑设计有限公司董事长）：

我们从 2007 年以后，在 10 年时间里参与了十几所大学的设计，其中我主持了两所大学。作为建筑师确实想用心做好设计，但面对的总是悲凉。我们建筑师有很多压力。我们多次走访老校园，一直想把老校园里有活力、有情景感的东西带到新校园去，甚至把大学美好的记忆植进新的校园，所以北师大两个大门设计上比较注重文化性。但我们又不希望它被文化压迫变成一种符号，所以我们每一个方案都用半年多的时间构思，最后选取这样一个方式来呈现。

新校区的建设确实给建筑师提供了机会，但也制造了很多难题，我相信大多数建筑师都是有责任、有情怀的建筑师，今后校园新的发展会给我们不断提出新的课题，因为中国教育一旦改革了，我们的教学模式、教学空间就会发生改变。最近我们也在参与一些新校园的设计，我们提出"弹性校园空间"这样的概念，实际是可持续概念的一种延续，给校园留下未来的可变性。同时，一定要给予校园多样性，一次性建设会极大地扼杀校园文化。在这种背景下，一定要打造多种不同表情、不同类型、不同语言语境的校园。我相信这样的校园应该是属于未来的，应该是负责任的校园。

郭卫兵：

曹明振总经理助理，北方设计院设计的一百多所校园您也参与了不少，希望您谈谈感想。

曹明振（北方设计院总经理助理）：

说实话，我在校园这个话题上确实有特别多想说的。刚才孟院士、叶总都谈到校园活力的问题，其实我个人对大学城的概念也有些保留意见。现在大学的管理往往把校园跟城市割裂开，至于靠时间能不能堆出校园活力来，我想举个例子，就是我们设计的河北科技大学。这所院校是我们 10 年前做的规划，这个校园每到春天时候就会迎来大批市民进去赏樱花、看风景，它已经开始慢慢融入城市生活了，我认为靠时间有时候真能够弥补当时一次性建设所带来的不足。而且这个校园现在也在不断加建，实际上它内部已经形成了生长体系，看着不断新长出来的小房子我们是很欣慰的。

另外我特别想说一点，北方设计院关于大学校园的坚守和传承是有根

基的。就像孙总开始讲的，他刚入院的时候是他的老师带着他设计校园的，我刚入院的时候又由孙总带着我设计校园。现在我们很多设计完成的校园，里边走出来的学生又来到我们的设计院，跟着我们一起

论谈一

去设计其他校园，我觉得整个过程非常不容易，我们这么多年一直没有放弃对教育的追求。说白了，校园的核心是教学区、生活区、体育运动区，这三个区域如何有效地适应教学模式的变化、人的行为模式的变化，正是考验建筑师匠心的地方。

孟建民：

我再简单补充几点我个人的思考。我认为要建好校园，要使校园具有更健康的、高效的、人文的影响，决策者和执行者的思想观念首先应该有一些扭转。比如现在我们接一个校园的项目，只要提前完成任务就会给你奖励。但我在参观平遥古城的时候听讲解员说，过去建城提前完成任务是要罚的，提前完成就意味着可能偷工减料了。有些建设糊弄过去也看不出来，但工程质量肯定受影响，这是观念问题。

回到我们建新校园的立意和观念问题，这个校园要生长，不能铺天盖地地全做完，要留有发展空间，根据不同时间、不同需求、不同的增长量一点一点地长出来。我经常提醒和批评我们团队出现的多样性矛盾：你给他一个地块做一万平方米的楼，他采用的材料、色彩是这样的；你给他十万平方米的时候，他还是用那样的材料、色彩；你给他一百万平方米，他做出一大片建筑，依然是一个材料一个色彩，一眼望去建筑全部一个风格。其实建筑达到一定量级的时候，已经不能作为单体来看了，它是一个建筑群，是一个城市。新建的校园也有这个毛病，看了以后感觉很单调、单薄，没有层次。我认为当项目大到一定体量的时候，一定要主张拆分，请若干建筑师一起参与，不要一个人承揽所有项目，这样

会议现场五

才能展现出建筑多样性、丰富性带来的体验感，对人的影响会更大。

郭卫兵：

孟院士的建议是设计可生长的校园。我认为应该为每一所校园设计一个具有优秀文化基因的建筑模板，让这个模板作为一种旗帜，在校园生长过程中传承它的基因，在生产过程中逐渐产生一些创新、一些新的突破。

第二场建筑师学术交流
主持人：曹胜昔
交流嘉宾：张宇、沈迪、孔令涛、岳欣、翟佳麟

曹胜昔（北方设计院副总经理）：

虽然时间有限，但我希望嘉宾们把自己内心真实的想法说一说。在我们人生中，可能至少有 1/3 的时间都要在办公建筑里度过，那么舒适的办公环境应该是什么样的？今天孙总展示的项目，主要是有特殊工艺要求的政务类、商业类办公项目。在所有建筑类型里，办公建筑是相对比较简单的类型，但实际上这里有很多看似简单实则很难的一些事。今天我们就"扒一扒"这里的故事，从故事里引出我们对今天主题的思考。先请张宇大师谈谈。

张宇（全国工程勘察设计大师）：

我比较欣赏孙兆杰总建筑师最后讲的一句话：我们作为建筑师，更多的是希望做一点踏踏实实的建筑。这种精神是非常可贵的，也跟我们匠心与创新的主题相契合。我们这组探讨的主题是办公类建筑。虽然我做的办公类建筑不是很多，但也很凑巧，我毕业设计的题目就是行政办公。我毕业实习在川东南的黔江土家族苗族自治县。现在大学教育注重的是作品的方案，把构图、布局、板书弄好，最后教授评分就过了，但我们上学时很荣幸，能拿到真题实践的机会，不但跟行政官员包括使用者做了调研，而且拍了 3D 电影，还结合当地少数民族吊脚楼的形式，把这些人性化的设计都体现在了我们的毕业设计里。毕业以后，北京市建筑设计院在海南成立了分院。海南在 1990 年前后发展非常迅猛，当时我们去分院的基本都是年轻人，比较早地接触了市场经济。那时候有幸中标了一个 180 米的超高层项目，是我亲自主持的海南当时最高的信托大厦。其实 1990 年超高层规范还没有正式颁布，只有试行本，而我那年才刚刚毕业2年，对超高层实在没什么经验，所以回到北京后，我特意到京广中心了解他们的施工办法。京广中心就在我家附近，而且是当时北京第二高楼。我参观之后发现它的施工空间非常紧凑，而且用地面积非常小，但对环境没有造成任何影响，那时我才明白这个楼应该怎么盖。其实规范只是一个描述，只有体验以后才知道复杂性，这是我对高层建筑一个认识，从简单地为了完成一个作业，到关注一些功能。

随着市场经济的发展，人们对办公建筑的关注点也在不断改变。北京院做超高层比较多，北京CBD有十几栋楼都是北京院做的。2000年，人们对办公楼的关注指标为地理位置、市场回报；2010年以后，大家更多关注办公楼的品质，即环境和可持续性，且更加关注办公的舒适性和办公空间的健康性。这种对人的关怀，对办公环境的关注给建筑师提出了更高的要求。办公类建筑细分还是有很多类型的，但不管做什么，建筑师的关注点还是应该放在做一些实实在在的建筑上，在我们营造的环境里，人的空间该怎样设计？很多人都学北京的行政办公类建筑，先划一片地，设定好一条大轴线，在轴线的两侧布局机关单位，其实这个体系不能完全照搬，要结合需求做出环境适宜、适于使用的建筑。这是我对办公建筑和行政办公建筑的理解。

曹胜昔：

我们今天会场的所在地为河北省国宾馆，它在政务类办公建筑中是比较特殊的类型。这个项目由我们院负责总体设计，由若干设计单位一起完成，总体效果还不错。实际上最初这个地方是不考虑对外开放的，后来因种种因素又面向市场，所以整个设计经历了很多改变，从它的流线设计，到怎么保证开放的同时又能服务于政务，这恰恰是我们建筑师在设计过程中逐步改变、提升的。为满足不同功能需求，我们需要调动设计能力把所有复杂的需求协调好。

下面请教沈迪大师一个比较棘手的问题。现在社会已进入大数据信息化时代，办公的形式也出现了多样化趋势。我看各个城市，尤其北京对商住建筑的打压很厉害，石家庄办公楼的价格也是卖不过住宅的。

沈迪（全国工程勘察设计大师）：

这是一个很大但也很关键的问题。我还是回到政务类建筑，与今天的主题更贴切。办公建筑的类型很多，前不久我们编辑了一本建筑设计资料集，我正好负责这块内容，在搜集资料过程中发现这类办公建筑的发展脉络。

首先在形式上，因为政务分为省级、市级或者地市级，就像刚才张宇大师所说的，我们的做法在某种程度上都是延续一种模式，即中轴线和对称。最近几年，楼堂馆所建设得不多，但县级或者地市级的政府办公楼，更强调与环境的结合及开放思维。这种开放性不仅仅表现在形象上，还表现在功能上，从总体设计到内部空间安排都有这样的趋势。

其次，从技术层面探讨，现在政府办公楼已经跟上了商务楼的步伐，它们在绿色、节能方面的要求也越来越高，这方面跟现在形势的发展要一致。

再次，政府办公楼越来越注重研究功能。虽然作为政府办公楼，的确需要有些严肃的空间场合，空间也希望有一定的高度，但是在用材上，在具体的布局上，还是更多地关心经济性，尤其在材料的运用上不但考虑经济性，还要跟绿色能源结合起来，关注一些可再生的、可回收利用的绿色建材。从我们这次编制资料集的情况来看，明显感觉到政府办公楼跟商业办公楼的设计理念是一样的。

另外还有一个现象，即政府办公楼也在创新，从管理也好、从服务角度也好，各个层面都在执行"市民中心"的概念，我觉得这是很好的尝试。我们在设计时把一站式服务结合进去，政府的办事效率、服务态度及其跟老百姓的关系都能更加融洽。我们最近一段时间政府办公楼做得很少，但是，跟政府办公相关的市民中心、办证中心这类项目比较多，我认为这也是一个转变的现象。

在面对政务办公类建筑的时候，当前比较棘手的问题在于建筑师自身的定位。比如设计政府办公楼，说实话，你所面对的业主就是强势方，而且业主方领导的要求会非常具体，甚至有些碎片化：哪个楼很好，应该借鉴过来；哪个厅我们去过，感觉印象挺深刻。这种情况就是对建筑师的考验，我用一句比较俗套的话，就是"正确理解"。领导谈要求的时候，你得掌握要点，最终还得用建筑师的手法去实现它；如果领导意见你都不支持，从我的经验来说，最后你的方案也做不下去，也不会得到认可。我们面对话语权的缺失，还是应该坚守建筑师原有的立场，用我们自己的语言、手法做设计。说实在话，政府办公楼设计里边，这是最重要的，而技术性的部分相对来说更容易实现。

曹胜昔：

今天到场的很多都是省内年轻的设计师，刚才沈迪的体会我相信大家也会有切身感受，一定要理解甲方背后真实的想法，他内心深处潜意识所要表达的，我们只有摸到他的脉，才能做出他认可的项目。其实我们这样的设计院，目标就是踏踏实实满足客户需求，同时要符合我们城市的发展和文化内涵，这是最基本的要素，这种需求的满足可能需要一个不断探讨的过程，互相沟通的过程。下面请孔令涛总建筑师讲讲您所做项目背后的故事。

孔令涛（河北九易庄宸科技股份有限公司总建筑师）：

今天很荣幸跟院士、大师们一起交流。我从业二十多年，原来实际上跟郭卫兵总建筑师都在河北省建筑设计研究院，好像就没有接触过行政类办公建筑。自己创业以后，在这方面的机会更少，对行政类办公建筑投入的精力少，研究也不是特别深入。但我在这二十多年里也做过各种类型的办公建筑，有总部办公类型的，也有科研用地类型的。综合各类办公建筑的特点，我有一个疑惑，刚才沈迪大师也说了，就是开发商

会议现场六

要严格按照用地性质用地，规划审批是按控规用地性质来审定建筑是否符合城市总体规划控规的要求。这就造成所有建筑类型只能孤立在它自己署名的土地上，居住、办公、商业、科研都成了孤立的建筑性质。政策限制后，感觉建筑的多样性和混合度非常差，从使用效果包括空间环境来说，都是保护在一个非常特定的类型上。我一直在想，国家在整个规范的编制包括规划弹性控制上，是否能探索一个更好的渠道或者更好的方法，使得我们的整个城市更具高效性。我这几年去新加坡的次数比较多，发现那里的城市是由许多非常有活力的城市细胞组成的，每个单元混合了居住、小的服务型咖啡厅、健身等功能，突破了非常严格的用地限制。但是，在我国目前现行的规范里，功能是必须割裂的，但未来可能不应该是一个个城市孤岛的模式，应该更具开放性、包容性。

这是我近年做建筑设计的体悟。目前我们也在做 200 米的超高层建筑，在功能的稳固上，包括建筑技术上也在做一些探索。现在许多号称5A 级高标的写字楼，能够满足全天候办公的要求，但其实就是鸡肋，运行当中还有许多限制。包括我们现在做的四栋超高层建筑，办公人群、工作时间，包括使用效率，我觉得都还没能打破这种限制。现实阶段下各行各业还是要往前发展的，这就免不了向全天候办公方向有所突破。基于这种思考，希望在未来一些项目上能够真正地以人为本，做一些更适合现代办公要求的建筑。我想请教一下张宇大师，如果在一个单独的地块里或者单独的建筑里，能不能做一些混合的住宅综合体或者办公综合体？从规范上、从规划控制上，有没有政策缝隙能够解决这个问题？

张宇：

这是挺有趣的话题。孔总没说的我补充一下，包括空调、节能这类事情，真的不是靠一个理念或者所谓高技术、高技派的东西就可以实现节能。我们在绿色建筑方面投入很大，其实最有效的节能方式是用户的分块、分区域计量。我们做过一个试验，改造了北京院一个楼，采用了很先进的技术，包括太阳能发电、太阳能采暖、雨水回收，还做了保温节能以及绿化，但其中最有效的是我们做的能源监测系统，其实这就像住宅一样，如果以前是大电能表，十家共用一个，肯定不节能，改成一家对应一个表是最节能的。空调、智能照明这些，如果能根据用户的实际需求，在前期方案阶段就进行系统的划分，可以节约很多不必要的开支，避免局部加班但整栋楼都要开灯的窘境。

回到综合开发的问题，的确现在谈得很多，我们也正在考虑这些后果。我们现在盯两个项目，其中一个项目明确要求我们做开放社区，从总体规划角度来说，小街坊进行开放；商业的住宅，大围合；外面做牧场。另外，我们提出功能的复合，不是原来所做的底商，我们希望把其他的东西包括办公设施能够综合在一个地点，实现地块的综合。其实坐下来，说实话，从管理到设计都没问题，最大的问题是规划，首先要突破的是规划的方法和理念。从技术上考虑，我们应打造高度综合的核心，规划部门和其他一些相关的部门，像铁路、地铁、航运，还有跑长途的大巴，我们希望把这些能够结合起来。这里要突破体制上的障碍，突破规划上的障碍，这方面值得大家深思。我们不但要从技术层面上支撑，而且在管理层面包括规划层面也要努力。

岳总（河北大成建筑设计咨询有限公司董事长）：

实际上办公建筑还是非常常见的，而且类型也比较多。引用沈总的一句话，20世纪60年代的建筑师是黄金一代建筑师的代名词，因为我们接触了非常多、规模非常大的项目，包括办公建筑。

实际上办公建筑也有一个发展的过程，从过去到现在一直在变化，内涵非常丰富，值得我们认真地去探讨、去追求。我简单说几个例子。比方说我在90年代初做的一个超高层，也是办公建筑，是河北省第一个超高层，当时还是在北方设计院，当时的追求是对基本要素的追求，功能合理，结构合理，造价控制在合理范围内，包括房间的使用率。建筑内部以会议和展览为主，设计强调的是流线清晰以及弹性空间。比如我们做的五环中心，还有郭总关于博物馆、图书馆的设计，所强调的是什么呢？文化的传承。我们应该用城市设计的手段来提高我们的设计水平。从对地标的追求，清晰、高大上的视觉地标到注重生态文化的内在品质，再到未来的绿色创意，这是最永恒的。办公建筑是我们身边最常见的建筑形式，它与时代发展相结合，值得我们认真分析和研究。

翟佳麟（河北省住房和城乡建设厅建筑市场与工程质量安全监管处处长）：

首先，谈一点自己思考的问题和感受。政务办公建筑的设计里面涉及服务对象，刚才前几位都提到办公建筑在环境设计时有没有可能实现环境空间的开放。由于各种原因，我们做建筑的时候，还是追求封闭的大院，但是现在从为人民服务的角度来说，是不是有些空间可以对老百姓开放？用纳税人的钱建起来的行政办公建筑，最起码室外空间能够为老百姓开放一点，还利于民，让老百姓更好地生活。请大家思考一下这个问题。

另外，实验室建筑里边功能比较复杂，管道比较多，有的建筑做完以后进行二次装修设计，在装修设计过程中，建筑里边好多墙拆掉了，管道重新改造，造成很大浪费。通过这些情况我就思考一个问题，实验室建筑、科研建筑需要精细化的设计。实验室里功能很多，有普通实验室，甚至有生物试验室，要求比较复杂。建筑师能不能在做试验的时候很好地把物理专业和设备专业结合起来，进行精细化设计，这样做出来以后，不仅空间合理，而且美观实用。

实际上匠心体现在不同方面，比如实验室建筑这块，精细化作业以后，有些管道能不能集中，当然，还需要设计专业进行配合，如废气的处置。科研建筑，相对于在这里边工作的人员来说工作环境比较严肃一些，能否做一些人性化的空间，从人性化角度关心在建筑里工作的人员。

曹胜昔：

谢谢翟总！第二组的研讨暂时到这里，非常感谢各位嘉宾今天给我们提供的这些分享。我想借此也再多说两句，刚才我们提到的这些问题，无论是综合体，还是平面化的社区或者立体化社区，可能都需要我们在座的设计师用我们的智慧去解决面临的这些社会的矛盾，这样的话，才能使我们通过设计让我们的生活和我们的环境更美好。

第三阶段：学术总结

费麟（中元国际工程设计研究院资深总建筑师）：

先谈谈我受到的启发。今天北方设计院谈了两个实例，谈建筑创作，实际上就点了主题，匠心和创新。你们怎么用工匠精神，怎么在建筑创作上继续往前进，实际说的就是这么一个问题。这两个建筑我都搞过，我自己的体会，两个建筑实际上是有机联系的，有三个共性的特点。第一个特点是走现代建筑的道路。我一直认为中国应该走现代建筑道路，不排斥传统。柯布西耶提出现代建筑的三个精神：科学、民主、超越。他将当时的钢玻璃用来创造新的现代主义建筑，跟过去建筑古典的东西完全不一样。还有民主精神，比较平民化。科学与民主之外，还要超越。

我们队伍中，一个超越自己，一个超越前人，这点做得很好，这三个精神到现在都管用。科学地来讲，刚才孙总讲了两个实例，很重要一点就是要跟当代科学技术结合。咱们老说工业建筑有公益，民用建筑没有。我说"不对"，工业建筑是有工业设计的，民用建筑是由建筑师找了咨询工程师，汇总以后变成公益的，两个都有公益。办公楼现在很难讲，有人搞了联想办公楼，他的办公楼的概念跟行政办公楼完全不一样，搞科研，有科学的含义。牛顿这么伟大的科学家，他非常谦虚，他说他是站在前人肩膀上的。作为现在的建筑师，我觉得我也站在前人肩膀上，没有前人，我走不了这条路。

从科学方面来讲，在工业建筑、民用建筑上有一个很重要的理论，我认为叫人类工程学，不叫人体工程学，这是很明确的。为什么呢？因为要讲以人为本，人跟环境的关系，人跟机械的关系，人跟人的关系。我到法国参观汽车厂，从上到下的干部都学人类工程学，要学会管理，如果不会管理工人，当不了好的管理者。所以，教育建筑也好，工业办公建筑也好，走现代建筑道路是一条必经之路。

第二个特点，不管哪种类型的建筑，刚刚有人提到过，都跟规划、跟城市设计、跟修建性详细规划紧紧联系在一块。现在有一个倾向，把城市设计排到顶层，我认为不妥，城市设计不是顶层，顶层是城市规划。我都有收费标准，总体规划、区域规划、控制性规划、修建性详细规划四级，相应的四个城市设计，比例是 40%~70%，说明有一个主体规划在那儿，收 40%~70% 设计费，这是合理的。雄安新区搞规划，启动规划需要搞国际竞赛，什么国际竞赛呢？控制性规划和城市设计竞赛，把控规和城市连在一块，我觉得非常正确。搞工业、民用建筑，不管搞哪个类型，建筑师都不叫跨界。搞建筑当然应该管规划，住建部下了一个文，叫修建性详细规划。我们现在搞的总图是什么呢？苏联叫总图，一般叫场地设计，我们考试的必考内容就是场地设计。什么意思？就是修建性详规，六图一书，很明确，只有建筑才能搞，没有建筑谈不到修建性详规。建筑必须搞规划、搞城市设计、搞修建性详规。

第三个特点是人文精神、历史传承。我在清华有感触。清华进校以后有红区和白区，我喜欢红区。西主楼以西叫红区，全是老建筑，红颜色的砖墙。西主楼以东都是白色的。不管校内还是校外人，都感觉到红区有人文味道，有历史感觉。一到白区，跟大街上各种建筑都差不多。人文精神、历史传承，在高校建筑和办公建筑中都应该有。

建筑师一定要有匠心，一定要创新，也就是工匠精神，所谓的莫问收获，但问耕耘。

我相信很多人不会老想将来是不是得奖、将来是不是创新，建筑师在创作过程中绝对不是这么想的，他的目标不是这个，应该是"莫问收获，但问耕耘"，要敢于坐冷板凳，精益求精，工匠精神就是这样。最近我看了一个很好的材料，说工匠精神不是光喊口号，而是要有制度来保证，各行各业都有保障制度，建筑行业有 ISO 9000。ISO 9000 很强调设计质量是全过程，不光是最后把关，我非常赞成。从选址到可行性研究的策划到任务书到方案，前期你要把关，前期不把关，施工图再漂亮，没用。

还有一点希望，建筑师应走《菲迪克条款》的道路，《菲迪克条款》讲道："建筑师不光是国际公认的，建筑师不光是搞设计的，你要搞管理，要懂经济。"现在叫全过程工程咨询。北方设计院肯定都知道全过程，为什么呢？按国外的说法，建筑师就是一个交响乐的指挥，交响乐指挥不需要门门精通，精通一门就够了，但是，你能指挥、能协调，不会的，你可以请教其他的演奏师。北方设计院从工业院脱胎出来以后，千万不要再受苏联的影响，把工业和民用分开，我接触到好几个设计院，人家全叫顾问公司，工厂里也有民用的东西，民用里也有工业、科技的东西。北方设计院经验很丰富，完全有条件，再加上我们全面实行《菲迪克条款》，走工程咨询道路，一定会走在前面。

（文 / 董晨曦 图 / 朱有恒）

与会嘉宾合影

建筑与景观的"白话说"建筑师茶座

崔愷　　　　孟建民　　　　陈平原　　　　俞孔坚　　　　金磊

高志　　　　俞虹　　　　　傅绍辉　　　　薛明　　　　　任明

徐聪艺　　　谌谦　　　　　高海波　　　　殷力欣　　　　李溪

朱颖　　　　叶欣

编者按：2015 年 9 月 28 日，以"建筑与景观的'白话说'"为主题的建筑师茶座在北京大学召开。中国工程院院士崔愷、全国工程勘察设计大师孟建民以及薛明、傅绍辉、高志、高海波、谌谦等建筑专家，文化界陈平原教授、俞虹院长等专家参加了活动。金磊、俞孔坚担任活动主持人。以下摘录的是部分与会专家的观点或看法。

金磊（《中国建筑文化遗产》《建筑评论》主编）：

将建筑和景观放在一起，应该说是很自然的事，但我们在做命题时用到了白话说。什么意思？今年是新文化运动 100 周年。1915 年 9 月 15 日，《青年杂志》在上海创刊，这是标志性的事件。1936 年毛泽东同志在与斯诺的谈话中谈到了他喜欢《新青年》杂志（原名《青年杂志》），尤其感佩陈独秀、胡适二人的文章，毛泽东一再说他把他们视为楷模。《新青年》在沉闷的 20 世纪初，给中国思想界渴望民主、自由、科学、新生的青年以希望和曙光。新文化运动并非仅仅讲变革和创新，还追求新的包容式的文化连接，它将传统文化与新文化、本土文化与世界文化联系在一起。此外，它还倡导国语运动，创造了指向新的文化的憧憬。蔡元培也认可《新青年》，主张以白话文代文言的旗帜作用，胡适后来也提出了应用文的八股之意是白话文胜利的开端和序曲。

新文化运动既带来了西洋的流彩，也换回华夏市井文化的风景。它对 20 世纪中国建筑设计产生越来越多的启示和影响。新文化运动对科学理性的崇拜和对传统文化的批评为现代建筑的成长提供了厚重的文化土壤。仅以 1926 年这一年为例，1 月份，举世瞩目的南京中山陵开工，3 月份奠基；同年 4 月，沙逊家族在上海兴建沙逊大厦。它们都成为中国建筑史上开风气之先的里程碑式的建筑。前者是民国政府倡导的中国固有式建筑，后者则是中国建筑向现代建筑演变的重要转折点。这里还要特别提及的是，20 世纪 20 年代后期学成归国的、对中西建筑文化有反思作用的一批建筑学人，是得中国建筑之真谛的，如：梁思成、刘敦桢、杨廷宝、童寯、林徽因等，还有主张传统与发展、用西洋方法研究中国传统建筑的中国营造学社朱启钤先生。

21 世纪的今天，人们已不再争论白话文的价值，但在城市建筑环境规划设计中，还有违背理性与规律的事件发生，形式大于功能的个案仍比比皆是。建筑与景观的功利性，虽是建筑语境崇尚的白话文，但我们何以还有那么多不尊重大地、不敬畏自然、不正视灾难风险的作品。

除了《新青年》杂志之外，还有一本值得提及的创刊于1915年的新文化运动中的杂志，它是至今还在出版的《科学》杂志。这样一本杂志办了100年，现在也只卖6.5元，值得人深思。

本茶座不只是为了纪念，更是为了启思。面对当下混沌的大时代，面对未来，我们的精神是否该进一步提振？我们的思想是否该进一步解放？我们的文化该如何得到复兴？追求原创之先，要重新拥抱文化传统，要展开建筑景观接地气的研讨。希望今天创新与激荡的茶座能够带来一些火花。

俞孔坚（北京大学景观与环境学院院长）：

我认为，景观是一种生成的艺术。中国是灾害最多的国家之一，应对灾害的经验使我们的人民懂得适应环境，选择合适的地方建合适的房子。中国乡土景观就是如何造田，是中国最有特色的，高原上、平地上、湿地里都可以把田造出来。中国的水是最大的问题，既产生洪涝灾害又需要抗旱，等等。中国农民在五千年的发展中，懂得了如何利用土地，以最合适的方法，形成中国土地利用的乡土景观。我们的人民懂得了如何种植，形成种植乡土景观，最后营造一个美丽景观，它就是我们的桃花源。桃花源实际上是中国两千年的理想、憧憬，这就是乡土景观。

城市景观和建筑是贵族文化和价值观最宏大的展现，从最基本的语言一直到城市建筑的语言，实际上是一脉相通的。但是，整个文化系统品位的所谓高雅化过程导致了乡土的消失。中国大地在当代正在经历这么一个过程，整个国土发生了根本的变化。我们美丽的中国在过去30年基本上是乡土消失的过程，也是健康消失的过程。

当代中国存在两大危机：第一大危机是身份的危机，就是民族身份的危机；第二大危机是人际关系的危机，水污染、干旱，等等。在这样的危机之下，我们今天谈新文化，谈新文化在这个时代的意义，路在何方？路就在续唱新文化运动之歌。一百年前的新文化运动，特别是白话文革命，给当代设计的创新带来许多启迪，中国当代设计要实现现代化，必须继续接受新文化的洗礼，包括怀抱两大危机意识，也就是民族身份危机和人际关系危机意识。现在设计学必须抱有创新的白话城市和白话景观，这种新能力体现在尊重平常、尊重平民，回到人性与公民性，回到土地与地方性，以获得当代人们的民族身份重新定位，回到和谐的人际关系。

"五四"新文化运动的基础是当年中国知识分子的危机意识。从

1915 年陈独秀创办《新青年》，在此之前叫《青年杂志》，到 1918 年由北京大学学生创办的《新潮》，新潮这个词就是复兴的意思，中国的文艺复兴或者新文化运动便在知识界危机时代拉开序幕，核心是反帝、反封建，最大成果是白话文。我们说文学革命的三大主义，也就是推倒贵族文学，建设国民文学；推倒古典文学，建设写实的文学；推倒空洞的三联文学，建设社会文学。

胡适在有关文学的革命里也谈道："我曾经仔细研究，中国两千年何以没有真正的有价值、有生命的文言的文学。"我自己回答道，因为两千年文人所做的文学都是死的，因此绝不能产生活文学；中国若要有活文学必须用白话文。一一对照后，我发现建筑景观和城市的语言是完全相通的，当时的文言文除了身份以外还有学习上的困难，还要艰难地去接受，等等。最后要把卖豆浆、油条的小贩的语言变成我们现在的国语，这就是白话文真正的意义。

我们再不能用古典中国帝王思想，不能用古典西方权贵思想，不能用现在的西方帝国思想，也不能用空洞的语言来实现中国两大危机的化解。

如何来实现新乡土景观实践，如何让普通的语言变成这个时代解决中国城市问题的语言？方法如下所示。

会议现场一

第一，城市的海绵。海绵城市，就是解决涝的问题，把不能种地的湿地变成粮田和养鱼的地方。在我们传统园林建筑里，从来不会把它当作真正的技术和艺术来讨论，今天我想要把它变成真正解决中国当代问题的技术和艺术。举一个哈尔滨的例子，就是用鱼塘，通过简单填挖来解决涝的问题、蓄水的问题、净化的问题，最后变成一个可以使用的城市公园。它的水从苦水变成干净水，层层过滤后补充到地下水。这个海绵地可以解决涝灾的问题，同时它应该是美的。从普通的平民语言变成当代城市设计的语言，把农民最简单的生存艺术变成解决当代城市问题的技术和艺术。

第二，加强农民施肥、灌溉、净化技术。向农民学习施肥和灌溉技术，这也是登不了大雅之堂的，但正因为这样一个最简单的问题解决了中国劳动人民的生存问题，就是施肥。设计语言就是把肥料变成当代城市干净的水，把施肥的过程变成造水的过程。

施肥、灌溉技术经过设计的体验，变成水净化的过程，在水净化过程中生产粮食，同时变成优美的公园，把 3 公顷湿地变成每天可以生产2400 立方米水的水生产线，这个水生产线同时又是非常美的景观。通过农业技术留下来的水是清澈见底的。

第三，把农民与洪水相适应的语言学习过来，解决当代防洪问题。城市的防洪形势非常严峻，中国 1/3 的城市都面临非常严峻的洪涝灾害，其实农民种地就是与洪水相适应，洪水退到哪儿地种到哪儿。把简单的水利工程变成梯田与雨水相适应的过程，洪水退了以后，变成可以使用的公园。

第四，我们以前做秩序也好、做景观也好，一定要非常有秩序，但实际上农民告诉我们用很小的力气就可以解决秩序问题，这就是框架。农民用这样的方法，不需要改变什么植物，只要给植物做一个支架，就会创造一种很有秩序的景观，这是非常美的农民的艺术。我们不需要做太多工作，只做一条红色飘带，飘带起到支架的作用，可以一下子变得有秩序，同时可以把原有的环境建得非常美，用最小的力气来解决所谓的秩序、美、生态和艺术的结合。

第五，体现乡土种植艺术。收获是不是同样可以产生美？这是我们在沈阳建筑大学校园做的一个案例，收集雨水，灌溉稻田，让稻田变成风采的稻田，形成一种稻田景观，不仅美丽，而且有收获。把农民的生存艺术引入生活中，城市中引进农业，把它变成当代公园，这是当代城市和农业之间的结合。

第六，农民造田艺术如何在城市中发挥它的功能，同时能够产生一种美。农民用最简单的方法，挖田形成梯田。这种方法可以系统解决当前的问题，包括水稻问题、地面污染问题，尤其是海绵系统，解决城市的内涝问题。把它用到城市中，使它呈现一种新的美的语言。

中国面临两大危机，生物学意义上的生存危机和文化学意义上的生存危机，一个是民族身份危机，一个是人际关系危机。这两大危机与100年前中国面临的民族生存危机同样严峻，如同当年文学中的死的语言是导致中国当代两大危机的重要根源。我们要续唱新文化运动之歌，创造乡土的城市、乡土的建筑。如果说文学革命是中国开始走向全面现代化的基础，那么设计领域的革命、白话文的革命将是中国走向生态文明和真正意义上文艺复兴的基础。

陈平原（北京大学教授）：

8年前，我应邀写了一篇文章，《老房子：大学精神的见证人与守护者》。我谈建筑纯粹是越俎代庖，但是，我们对胡适文化有兴趣。从2000年在北京大学开设北京文化研究专题课以后，15年来我讲了很多课程，而且指导了10篇以北京为研究对象的博士论文，主持过5场"都市想象与文化记忆"国际会议。但所有事情都是在文史专业里，从来没有到建筑学这个专业里来，有点可惜了。

10年前，我在《想象北京城的前世与今生》中说过："同一座城市，有好几种面貌：有用刀剑刻出来的，那是政治的城市；有用石头垒起来的，那是建筑的城市；有用金钱堆起来的，那是经济的城市；还有用文字描出来的，那是文学的城市。"我关注这几个城市之间的对话，着眼点当然是后面这点。

之所以谈这个问题，是因为我对历史文化名城最近20年的衰落深有感触。几年前，应《人民日报》邀请，专门写一篇文章，里面曾写道："千百年留下来的东西，大有深意，但都很脆弱，必须小心呵护，哪经得起你用推土机加金融资本的辣手摧花。在目前这个环境下，我不怕领导没有雄心，也不怕群众没有欲望，我怕的是政绩优先的制度，迅速致富的心态，这上下结合的两股力量，使得众多古城日新月异，在重现辉煌的口号下，逐渐丧失其历史文化价值。我并没有否定'历史文化名城'就是'老房子'，只不过，'新房子'有一言九鼎的领导与腰缠万贯的开发商保驾护航，不愁不势如破竹；反过来，'老房子'势单力薄，风烛残年，而且没能为代言人提供什么回报，这才需要有人文学者站出来为其呐喊。"

其实我并不是建筑学或者规划学方面的专家，我的话自然是"说了等于白说"。明知没有力量，为何还喋喋不休？如此特立独行，无视学科边界，知其不可而为之，某种意义上，这正是"五四"新文化人的精神传统。近年不断有专家站出来，指责"五四"新文化人读书不够多，对外国学问理解不透彻，对中国历史论述不准确，理论阐释更是不全面、不系统、不深刻。这些说法都有一定的道理，但请别忘了，那是一个大转折的时代，屹立潮头的是一批学识渊博、兴趣广泛、勇于挑战成规的人物，而且他们主要是借大众传媒发言。

这就说到我对"五四"新文化运动的研究。其实我不想谈我的专业著作，比如《老北大的故事》《触摸历史与进入"五四"》《新文化的崛起与流播》，等等。这里只引述前些天接受《凤凰周刊》的专访。当被问及《新青年》是如何独领风骚的时候，我的回答是——《新青年》之所以能在众多杂志中脱颖而出，很大程度上是因为与北京大学结盟。《新青年》影响最大的部分，是中间的第三卷到第七卷，那时候，绝大部分稿件出自北大师生之手。最开始的两卷当然也有一定影响，但它之所以能风靡全国知识界，很大程度上是因为与北大的结盟。

在结盟以前，作者群主要是陈独秀的《甲寅》旧友，结盟后则基本上是北大师友；结盟前，发行陷入危机，结盟后发行量陡增到 1.5 万份，除了社会影响巨大，本身还可以赢利。到第四卷之后，主编甚至对外宣称"不另购稿"，也就是说，对于世界、对于时事、对于文学革命或思想启蒙等各方面议题，其同人作者群都能包揽完成。与北大结盟后，《新青年》的整个学术影响力和思想洞察力得到了迅速提升。所以说，陈独秀的北上是个关键。

《新青年》的突出特点在于它比所有的当时的杂志更有学问，杂志本身又是直面当下，当时所有重要的社会议题《新青年》都有所涉及，把学理和大众需求很好地结合在一起。读书人参与时代话题可以通过演讲、著述、教书，但是与大众传媒结合是有一个前提的。要从杂志的角度来理解《新青年》。《新青年》很多论述今天看来是有问题的，但是，必须理解那是杂志，是杂志的话。大众传媒跟传统运营商著述不一样，他要面对工作、面对热点问题，要吸引尽可能多的读者。

其实，关于《新青年》的特异之处，在于它和北京大学结盟，因而获得丰厚的学术资源，这个论述我 18 年前就谈过。北大焦守志之所以能在新文化运动中发挥那么大的作用，其深度介入《新青年》的编辑是一个关键。

百年后回望，当初不以理论建构见长的《新青年》，却能在"体系"纷纷坍塌的今日，凭借其直面人生、上下求索的真诚与勇气、理想与激情，感召着无数的后来者。而这些对于当下的我们——尤其是学院中人来说，是有很大的刺激与启迪的。具体来说，就是在政治与学术之间、在学院与社会之间、在同行与大众之间，我们这代人，到底该如何选择、怎样突围？

想当初，为了保护北京古城，梁思成先生曾激烈抗争。到了弟子罗哲文，口气明显缓和多了。因为，在努力保护古建筑的过程中，罗哲文面临的更多是无奈。对于新时期北京的城市建设与文物保护，侯仁之先生提了不少很好的建议，也发挥了作用。可到弟子李孝聪一辈，已无力影响开发商与地方政府，唯一的安慰在课堂，寄希望于学生日后成为建设部长或城市规划局长。在我看来这有些虚幻，不是不可能，而是屁股决定脑袋——老学生们即便依稀记得老老师们当年课堂上的教诲，也不见得愿意落实。

并非弟子不努力，而是时势变了——政府越来越自信，开发商越来越有力，至于学者，或言不由衷，或力不从心。北京地表的新建筑，我不相信中国的建筑师们没有过抗争，只不过胳膊拧不过大腿。最近二三十年，中国城市急剧扩张，规划师与建筑师大有用武之地，但在我这样的外行人眼中，战绩很不理想。专家们尚且无力挽狂澜于既倒，像我这样的业余爱好者，更是只有暗叹的份。如此局面催人反省，为什么学者们会变得如此软弱无力？

不能说今天中国的大学教授，全都拒绝"铁肩担道义，妙笔著文章"。问题在于，既然他们的"文章"不被今天中国的读者接纳，更不要说激赏了，其"道义"也就很容易随风飘逝。

改革开放以来，中国大学取得了长足的进步。训练有素且才华横溢的教授们，很可能真的学富五车，可就是没有能力与官员及公众展开良性互动，进而影响社会进程。

我的基本判断是：今天中国的大学教授，如果还想坚守自家立场，单靠办讲座、写文章已经很难影响社会了。原因很多，这里单说学院体制本身的局限性。今天的中国大学，学科边界越来越严苛，评价体系越来越精密，教授们全都成了勤勤恳恳的工匠，在各自的小园地里努力耕耘，鼓捣自己的大课题、小课题以及好论文、坏论文，而无暇他顾。并非真的"两耳不闻窗外事"，只是日渐丧失对公众发言的兴趣与能力。想想"五四"时期的《新青年》，以及二三十年代的《语丝》《独立评论》等，那时的教授们不时穿越学科边界，借助自己创办的思想文化刊物，直接对公众发言，而且，"拿自己的钱，说自己的话"。

教授们说话，要让老百姓听得进去，除了启蒙立场，还得调整自家的思维习惯与表达能力。这就说到了白话文运动的功业。"五四"新文化人提倡白话文，不仅要求明白文化，还希望是真正的美文，这方面有很多论述。我想说的是既不同于引车卖浆者流，也不是学院里的高头讲章。必须理解晚清开始出现的区分，就是著述之文与报章之文的区别。

将近二十年前，我谈及那时影响很大的《读书》杂志，其思想上追摹的是《新青年》，文体上学习的是《语丝》。

今天对于这种以知性为主，而又强调笔墨情趣的"学者之文"，我仍然有强烈的认同感。我曾经写过一篇文章，叫《读书的文体》，我说的是八九十年代的读书杂志能做到这点，继承了《新青年》和《独立评论》的传统。

我的体会是办真有学问的杂志难，办真有思想的杂志更难，办有学问、有思想还有文体的杂志难上加难。

在我看来，找到恰当的对象不容易，找到恰当的文体更难，从对于社会的影响来看，后者或许更长远。记得梁启超的《新民丛报》，陈独秀的《新青年》，鲁迅、周作人的《语丝》，胡适的《独立评论》，储安平的《观察》，都是有很鲜明的文体的。

之所以再三说这些问题，是因为20世纪90年代以后尤其是新世纪以后，我们越来越失去了跟公众对话的能力和兴趣了。那种上下求索、不问学科、兼及雅俗的写作方式，在现有体制下，不被算作"学术业绩"，因而被很多精于算计的年轻教授们轻易地抛弃了。这实在有点可惜。既经营专业著作也就是著述之文，又面对普通读者，也就是报章之文，能上能下，左右开弓，这才是人文学者比较理想的状态。

或许，当我们反省今天中国的人文学者为何越来越没有力量时，在金钱、立场、思想、学养之外，还得将学科边界、文体选择及其背后的利益计算考虑在内。

崔愷（中国工程院院士、中国建筑设计研究院总建筑师）：

今天这个话题是白话说。说白话好像比较轻松，实际上是重大的历史话题，就是五四运动精神，今天到了这个年代，怎么贯彻下去？在文化传承体系当中，对五四也有一些争议。刚才听到两位主讲的点题，我想它不再是一个文化运动，实际上是针对中国今天社会发展当中尤其城市发展中的一些现象提出一些批判和反省。从这个意义上来讲，我们今天讨论的话题上实际上都是具有历史参考、借鉴作用的。

我小时候出生在城里，小时候没有文化意识，但读一些书以后，确实觉得那个时期的文化基因、那时候的文化学者对社会的推动作用确实不得了。今天我们的学者、教授在社会上虽然有很多发言的，但是，从本质上来讲，知识分子的作用还是有相当大的局限性，甚至这个局限性也体现在大家忙碌于手头的工作当中。原来我们以为，建筑师可能让业主驱赶得有的时候没多少立场，后来慢慢发现老师也没有立场，因为要完成各种指标，所以往往缺乏冷静的思考，比较难持续地对事情加以关注。我想这样的背景并不能推托我们这些人的责任，我觉得我们仍然需要像俞孔坚老师这样能够站出来，讲一些非常重要的道理。

我们都知道，北大比清华大学的基础条件好很多。这个地方我们以前也很少来，但都知道这是北大立足之本、根的所在，扎根的地方，所以很有感觉。我们设计院也有建筑师持续在北大做一些建筑，北大建筑也在演变当中，比如 20 世纪 80 年代为北大做的楼群的规划，在建筑界有些影响。

有一件事让我觉得值得反思，那是北大生命科学学院的扩建项目。当时拿出来好几个方案，有现代一点的由玻璃和现代空间构成的；也有带点传统味道的，有点像理科楼群的一点手法；还有稍微古典一点的，基本跟"红四类"的建筑形式一样。当时大家还在说，虽然前两个不太好，还可以有优化的余地，可是校方具体负责的同志跟我说的话让我大吃一惊，他说，他们在学校征求过意见，只有古典建筑是他们绝大多数同学和老师都认同的。我想北大的发展应该是有序的过程，但它对大规模的校园建设不认同了，在考虑到最新的学科楼建设的时候，大家仍然不太信任建筑师的创新。当时北大建筑同志比较客气，他们说他们也知道这些功能、这些设施是需要现代化的，他们也知道北京已经现代化了，但是，很多老师都觉得那个不算中国的现代化。如果你们建筑师没有能力做一个让我们大家都喜欢的现代建筑的活，我们宁肯回到 80 年前的老房子。

我们不知道最后具体的选择，也不知道现在盖的楼是什么样，后来修改的时候我们没有再参与讨论。

今天的语境，对我们建筑师来说，有些趋于保守、趋于回归。我觉得这是我们今天不太容易解读的问题。实际上这不是一个建筑形式问题，甚至不是建筑问题，是环境的问题，包括中国园林和今天生态美学的东西。俞院长的角色是很特别的，我觉得他的立场很清楚，我相信大家发出的一片赞扬声。但是，你到底能从传统中学习什么？你要反映中国人的自我认同感的时候，你到底应该反映什么？这些年有不少建筑师都在探索，也有些成功的案例。但是很多案例我个人觉得是一种个案，普适性到底怎么样？我也想找出一个纯形式的讨论方式，提到建筑属性的问题，实际上把建筑形式反映的民族主义的精神转换到一个具体建筑和环境的具体关系中，用这个方法可能会把问题具体化。换句话说，把一种响亮的口号变成更加平实或者更加具体的行动。

说到这点，我想说，今天谈到的白话，让我想到今天整个社会的语境是需要反思的。白话文应该稍微有点文绉绉，应该是普通话。普通话问题在这儿，现在官话越说越多，新词汇越来越多，有些时候会觉得大家习惯于被这些响亮的口号所迷惑。比如这个周末北京设计周开幕了，

会议现场二

今年设计周的题目是"智慧城市"，正如前几年大家说过了"绿色城市""生态城市"，今年说"智慧城市"。举个实例，去年在会场开会，我停车的时候完全找不到路，这完全是城市管理问题，或者就是歌华公司管理的问题。用不着说智慧，能让所有市民都认得回家的路，人行道都能够走通，把大的口号变成具体的行动就可以。我们建筑师的设计哲学也应该重新回到满足基本的城市需求、老百姓的需求。

俞虹（北京大学新闻与传播学院副院长）：

建筑和传播的关系太紧密了，甚至从本质上来讲建筑就是一个传播，它是一个更为显式的、固化的，甚至是经久的大传播。据说有的院校建筑专业不那么强，但是有发展眼光，将建筑专业放传播系下面了。而传播在今天看来跨界已经越来越大，辐射越来越广，把很多学科都放进来了。因为技术发展是从改变人们的交流与沟通的手段开始的，但是，它越来越消解了我们传统的传播大众媒介的概念。无论是自媒体还是传播所带来的和我们生活非常息息相关的经济、文化变化以至我们买东西等等，我们都可以通过一个手机来了解和操作，超越了以往传播的范畴。从这个角度讲，建筑就是一个大传播，建筑本身的表意性在今天已经大于它的功能性了。功能性和审美性，甚至它的文化意义相互的冲突或者融合或者逆转，是我们今天在讨论所谓白话说里共同要关注的。

从新闻的传播来讲，最初它是一个文言新闻。我们现在看到最早的19世纪初20年代以后的媒体，可能是中国最早、最长久的以新闻报道为主体的报纸，它的文字基本上就是文言文形式。文言文报道导致受众很少，小众化，不可能成为大众化传播。那么你想传播新思想、新文化、新的一种知识的时候，这种传播的介质或者语言方式就影响了它的传播。因此，19世纪末或者90年代以后开始各种各样的传播，尤其是半文半白的新闻传播乃至后来以《新青年》为代表的以白话为主体的传播。

刚才陈平原老师讲了《新青年》，它之所以得到这样一种关注，在当时的历史背景下，除了它的新思想、它的学术性、它的整体引领性，其实它在语言上的一种白话追求也使得它获得更广泛的传播。同样，我们在讲建筑的时候，建筑作为传播的介质，作为文化表意性的介质，作为审美的介质，作为功能性的介质，功能是否比较和谐地统一在一起？最初的功能是遮羞避体的实用功能，渐渐地，今天可能它的审美功能大于它的实用功能。

无论建筑怎么发展，审美功能不能替代实用功能，它不能超越或者完全消解了实用功能。"大裤衩"究竟好不好用，我接触了非常多在里边工作的人，无论是我的学生还是同事，没有一个人说好的。他们说："俞老师，我们要走出办公室的时候，必须带两样东西，一个是我的门禁卡，一个是我的手机，否则我可能会迷失在这个楼里。"还有，以前他在这边，一个栏目或者一个办公室有一个独立空间，相对的封闭性或者互不干扰性更强，现在是大空间了。另外，我们都知道它是全玻璃体，使得阳光照射时间极长，但是又有一个统一要求，为了审美不许挂窗帘。到了他们办公室，看到他后面支了把大雨伞，后面就是西墙。他说台领导经常到财富中心大楼里看谁挂了，不允许做任何调整，因为审美是整体的。

演播室的功能也是，新闻中心搬不过去，文艺中心搬不过去，新闻中心有技术问题，文艺中心直接是涉及演播室出入门的方便性，当然，本身整体上也是这边比较方便。还有很重要的一点，就是进出台。央视是一个特殊的媒体，下面都已经设计好了和地铁连通的门，现在是不可能开启的，是完全封闭的，因为它是媒体，当然安全第一。建筑圈儿的朋友看了这个大楼以后说："这个大楼最大限度或者最大的赢家是这个建筑师，他完成了他的梦想。"作为一个设计者，在这个土地把它建起来了。我看了以后认为，央视最好的是大块大块的公共空间，极多，好用，但是央视人不能一天到晚在公共空间办公。

建筑业是一个非常非常特殊的行当，不是由哪个人决定的，这是甲方为主的，建筑师是乙方，面对甲方他有许许多多的无可奈何。今天我们看北京和上海，也有很大的差别。建筑必然和社会文化、生态环境有紧密的关联性，中华人民共和国成立初的十大建筑那种端庄、大气、朴实是和那个时代相关联的，唯一的北京展览馆是和苏联密切关联的。2007年中国能够有几个建筑获得世界十大建筑奖项，是因为在建筑上形成了建筑群。一种建筑表达一种文化，也是和特定的中国崛起的经济和政治背景紧密相关的。

我们今天进行白话说的探讨，在中国经济走向相对平稳而不是仅仅冲 GDP 的时候，许多问题要放在一个冷静的前提下进行思考。我们能够实施这样一些理念，成为一种力量，发挥文化审美的引领性。

在这样一个变革的时代，在这样一个特殊的历史背景下，建筑师如果作为大众传播中显式的一个语言表达，我们认为是可以直接让大众感受到的。因为现在城市化进程同质化现象太严重了。在城市化进程当中，一方面我们在建设一些仿古建筑，另一方面，我们在大量拆除古建筑，让人心痛。如果建筑师们有了更强的一种传播的概念，你们的传播可能比大众传播、视频传播的影响更大。从观念上来讲，我们要解决为什么人的问题以及评价标准的问题，这也是延安文艺座谈会上讲话最重要的两个核心问题，在今天来看，从艺术门类来看也是非常相关的。

高志（加拿大宝佳国际建筑师有限公司亚太区首席代表）：

为什么今天强调白话说？关键是现在建筑师说话人家听不懂了，被逼得胡说八道，我自己就有这个体会。一百年前我们说的白话，现在还有几个人听得懂？一百年前的建筑我们看得懂，有人说话都听不懂了。比如我刚从国外回来那会儿，什么"下海"，我说说什么呢？其实我那会儿离开中国只有五年的时间，我们的语言就发生这么大的变化。

第二，中国的建筑看不懂。我回家三个月，晚上要回我们家，我找不着我们家门在哪儿。为什么？因为全一样，我都找不着。

第三，中国对园林的破坏比对建筑的破坏严重多了。

我认为最终一个民族的强盛或者文化的强盛一定体现在建筑上。举个例子，巴黎卢浮宫的设计，我当年上学的时候，学校非常激烈地争论贝聿铭所谓的巴黎卢浮宫三角，当时我们就萌生一个感觉，为什么建筑师这么做？这种反传统的东西，真是大逆不道。我当时就查阅了资料，觉得不是工艺问题，不是功能决定的，是有一种文化在其中。我理解，要想了解法兰西的文化，那先得找古罗马，了解古罗马的文化得找古希腊，了解古希腊的根在哪儿要找古埃及。

孟建民（中国工程院院士、深圳市建筑设计研究总院总建筑师）：

我非常赞同刚才俞教授说的建筑就是一种传播，我们过去也有这样的思考。崔院士的本土，俞教授的乡土，两个都含有"土"字，由于有土，就决定一种生长的要素，有土才能生长和变化。崔院士和俞教授两个理论之间有共鸣，一个是建筑角度，一个是景观角度，这两个角度是互补的。有的时候建筑要靠景观来烘托，有时候延伸到景观，而做景观的时候要涉及建筑，所以是你中有我、我中有你的这样一种关系。我觉得这两个不能分开来说，虽然是两个大的专业，但是，我觉得你们两方面提到本土和乡土的共性给了我们很多启发。

崔院士的本土建设方面我了解得比较多，崔院士在这个问题上阐述得也比较深入，和地域有关联，也有不同。当时他在文章里提到，其实本土更有场地，同时也有立场的问题，不是像一般的理解仅仅限于国情，限于再立项的问题，这是文化立场问题、态度问题和方法论问题。这点我非常受启发。

谈到文化，刚才陈教授和俞教授也在这个层面上给了我们一些阐释。建筑做到一定的时候，一定要表达它的文化性。我们解决功能问题，美学的、人文的、哲学性的理念也要有所表达。建筑师的武器和景观设计师的武器就是空间，这是本土设计里谈的主要的概念。

表达的最高境界，我认为是很微妙的关系，若隐若现的关系，表现的是一种品位、一种境界。我正注意建筑的模糊性问题，有时候差很多，没事，大家没感觉，没应；有时候差一点都不行，差之毫厘，谬以千里。从本土到乡土，可以说把建筑和景观的精髓问题都抓住了，而且阐释得比较清楚。在这方面，从我的建筑创新当中也能感觉到我们这些人必须立足于国情、立足于本土、立足于我们的乡土，这样才能创造出接地气的建筑作品和景观作品。

薛明（中国建筑科学研究院建筑设计院总建筑师）：

作为建筑从业者，不管景观也好，建筑也好，城市也好，其实大家最后关心的还是和人的关系，或者人和环境的关系。大家一直说这些东西的本性是什么，我认为其实最后都可归结到人性上。从社会发展阶段来说，人从原始人进化到社会人是从聚乐开始，从聚乐开始就有了一种社会性。我们的建筑除了功能性之外，可能很早就有了精神层面的追求，可能最早就是对神的崇拜，所以它很早就有神性。后来，过渡到一定时期，集权是社会很重要的发展阶段，无论古今中外，大家都体会到相当长一段时间，留下来的建筑文化遗产，都是权力意志的表达。

随着民主社会进程的推进，建筑的平民化已经越来越成为建筑的主流了，所以我们现在看到的很多西方的建筑师在他们本土做建筑的时候，他们非常平心静气，完全从人的本性来考虑。而目前中国的状况与之还是有一定的距离。我们所处的状态也不是我们这些人马上能改变的，但是今天大家聚在一起讨论这个问题，我们作为知识分子也好、作为专业从业者也好，也许能够为这件事情做一定贡献。在以后的过程中，我也期盼着能够有一些为平民服务的建筑。

今天有机会跨界，有一个很好的交流机会，我觉得这也是促进社会进步的一个机会。我们最后不管从事哪个行业，我们的目标是为了我们的人，而社会进步使人的生活质量得到更高的提升，这也就是我的期盼。

傅绍辉（中国航空规划设计研究院总建筑师）：

当时吴良镛先生在讲北京宪章广义建筑学的时候，就把城市、建筑、景观作为三位一体的广义的概念提了出来。刚才孟总也提到了建筑和景观的关联性，毕竟这是两个不同的领域，还是有一定的差异性的。

相对来讲，我感觉如果一个景观没有处理好，需要改造的时候，可能景观的改造容易一点，也许我说得不对。但是，如果一个建筑建坏了，比如刚才提到的央视或者哪个建筑，可能这个时候再重新改动很难，特别是一些大型的建筑。当然，建筑和景观都有它们各自的特性，这是我对建筑和景观初步的理解。

白话在当时的语境里，可能更多地倾向于有一定的现代性和有一种时尚性，我觉得这是发展的一种观点，如果用白话语言讲建筑和景观的话，在这三方面，还应该有特别要注意的地方。

第一，要根植于这块土壤，就是这座城市和这块土地，根植于我们自己的文化。

第二，可能更重要的一点是，白话作为一种语言来讲的话，应该符合语法和符合逻辑。因此，白话应该是专业的白话。我觉得现在白话说有的时候过于直白，直白到不是以一种专业的方式说出来的白话，可能是被任意一种方式讲出来的白话，而影响到我们语言的专业性，造成现在建筑和景观市场一些现象的出现甚至一些失控，我觉得这和我们讲出来的话不够专业有关，这个不专业有可能不是我们建筑师所能把控的，是方方面面原因造成的。

第三，建筑作为传媒，它还应该有一定的时代性和时尚性。今天说的白话如果放在五四时期，可能当事人未必听得很明白，现在的词十年前可能都不存在。

我上星期跟我们工作室小孩新学一个词，叫"然并卵"，我始终不明白什么意思，后来就问他们，得知这是一个网络词语。我觉得我们的语言要有一定的现代性，特别是刚才崔院士提到的北大竞赛这件事。很多时候，我们讲的建筑语言最后也不是一种用现代的方式阐述我们根植于本土的东西。十年前，我在北大也参加过一次设计竞赛，在北大西南角做的，当时那儿是人文学院，现在好像是一堆四合院。我们当时做的时候，用比较现代的语言躲开树，让它们从不同的院子里出来。但是，最后告诉我，我们的方案肯定选不上，说要做成四合院。我觉得这个事应该是更能体现出时代特征和时代感的，反映出北大特色的，而不是退回到原来构型的形式。

今天说的白话说，从这三个方面，我有这么一个理解，特别是最后白话的时代性和时尚性，它是根植于本土文化生长出来的特性，这是今天听了前面几位嘉宾的演讲之后一点不成熟的想法。

高海波（中元国际工程公司总规划师、总裁助理）：

我理解白话的意思就是说我们专业从事建筑城市景观工作的人要会说白话，我觉得会说白话体现在两个层面：第一，我们要会和公众说白话。我现在发现特别奇怪的中国的文化现象，就是社会公众和专业界人士往往说的不是一回事儿，说的也不是一个词。我其实特别反对"大裤衩""秋裤""红腰带"这类称呼，这是什么呀？是中国文化的欠缺吗？大家都用象形语言来描述文化或者教育，这是中国现今社会一个非常突出的文化现象。比如说最早的杭州市政府大楼，尖顶就是脑袋尖尖只想往上爬；政府前门没开，开了后门，被戏称"前门不通，只能走后门"。我们要反思，专业界和社会的沟通和互动很重要，因为我们确实很少在专业杂志、专业圈子之外见到我们专业界的人士。我们城市规划年会，一般参会规模将近五千人，这还只是注册人数，但很可笑的就是，只有规划师和规划管理者自己玩得很开心。今年，连我们规划师自己都不知道说什么，整个胡言乱语了。第一个问题是专业人员要学会跟社会对话，这是非常非常重要的。新文化运动白话文给我们一个根本的启发，就是要跟公众对话，我们的想法能够和公众沟通，这非常重要。

第二，我们是搞专业的，做物质空间环境的，客观上又背负了很重大的历史责任感、文化责任感甚至对生态环境的责任感。那我们也应该用一些白话来做我们的这些事。比如我搞城市规划的，我觉得北京是一个非常奇怪的城市，因为这里边很多规划师干的事，用难听的话说干的不是人事、说的不是人话，最根本的就像刚才薛总讲的，我们做物质空间，考虑的是人的真实的需求，最基本的需求，我觉得这是非常非常重要的。你先把大白话说好。很多设计师说时髦话，甚至说流氓话，就是不好好说人话。包括城市规划行业里边，可以讲十张图有九张图高度相似，为什么出现这样的现象？就是套话太多。这真的是专业人员应该反思的一个问题。

最后，我再讲一下空间专业所承担的文化。我觉得现在大家讨论奇怪的建筑业，可能确实受到权力、利益的高压。我在这里与大家分享一件事情：历史上有非常多伟大的作品，包括达芬·奇作的肖像画，其实当时业主的要求、业主的诉求可能都忘了，但是作品本身的艺术性始终还留着。可能我们脱不开这些权力因素机制，但我觉得我们可能还是需要更多地好好说话。

谌谦（天津大学建筑设计规划研究总院副院长）：

当代中国面临着两大危机，包括我们的民族身份的危机和文化认同的危机。我想以这个为题说一下。我想说三个层面。

第一，宏观层面。从人的角度来说，人类文明几大主要构成要素——宗教、哲学、伦理、美学，构成了人主要的认知。可是现今社会人的发展方向，客观地讲，我在这个层面持悲观态度。举一些例子，现在的互联网的发展，只有十几年不到二十年的发展，无论是跟亲人，还是跟同事，你看手机的时间肯定要比关注家人的时间多得多得多；我们的电子商务，打垮了大部分的实体店，下一步还会继续发展。当初没有移动硬盘，是软盘，一点四几兆一张盘，相当于可以装接近 2 米高的纸质文件，当时一个硬盘是几十兆。现在随便一个移动的小硬盘，1 T 的也有，真正的硬盘几 T 都不在话下。

我们眼睛看到的是视觉信号，我们耳朵听到的是听觉信号，我们的舌头接收的是味觉信号，包括手的触摸，等等，一切都是你的感知。由此而来，刚才我说到的宗教也好、哲学也好，那是更高级的发展。可你会发现一点，就是随着这个方向的发展，所有的都可以模拟了，你的感情、你的文化、你的所有东西都可以是虚拟的。现在是普通商业模式虚拟了，游乐还不能替代，餐饮还不能替代，终有一天你的感知器官都可以被替代。也许，你只有大脑是必要的，手、眼、耳、口都可以被替代，甚至连你的大脑也可以被替代。

中观层面，就是现今的社会层面，我觉得这个层面是乐观的，无论是我们的技术层面，还是我们的政策层面都在发展。我们前面几十年破坏性的、无序的发展，现在要追溯了。我们要有生态化的措施，我们有智慧城市、生态城市、绿色建筑等一系列发展规划，我觉得这个发展是向好的方向发展。我感觉今天有特别好的话题，我们专业人员要引导社会，建筑也好，规划也好，其实是一种文化，所谓文化的发展，我们要引领它。从这个层面讲，我是乐观的。

在微观层面我是纠结的。为什么呢？建筑也好，景观也好，它的生态化、平民化的发展，肯定是向好的方向发展，可是在具体措施方面，我是矛盾的。举两个例子，前一阶段，我们配合建筑学院张顾院长做了华润集团资助的在安徽的华润希望小镇。我们做了很多工作，其实也是基于我们学术层面或者专业层面做的一些工作，引导新农村的改造。当地很多民房刚刚改建没两年，张院长认为道路是柏油的，新的建筑有罗马柱，包括短立柱、长立柱，是好的。可我们要花大力气说服他，石子路更好、更生态，原有的建筑风貌远高于罗马柱，等等。尽管我们借助了政府的力量，借助了华润资金的力量完成了改造，可文化层面上还远远没有完成。

任明（北京维拓时代建筑设计有限公司总建筑师）：

我们做的大量的设计，很多都是屈从于形式、屈从于市场和一些开发商的要求或政府的要求，有的平面非常好看，画面也气派，轴对称，等等。有的是设计的，有的是建成的，那么它说的是什么样的语言呢？其实说的就是一种崇尚，一种权贵，还有一些标新立异的语言。我们所有的设计，按照市场要求你不这么做就没有市场，就不能干，没有市场就没法生存，所以设计院也很为难，不得不屈从于很多经济发展过程中必然的一些做法。反思回来，大广场做得非常好看，非常气派，你知道需要多少钱来养护？

今天说白话说，回归到自然、回归到本质、回归到它的生态、回归到可持续，我们做了很多的设计是不可持续的，需要钱养护，需要大量的投入，最后有老百姓需要的使用功能吗？不一定。我感受特别深。

大家讲的及听了俞教授说的这些内容，对我启发很大。我觉得理论很重要，社会的导向很重要。我特别希望能在理论界和学术界搞好宣传、引导，能够引起社会更多人的关注和重视。

徐聪艺（北京市建筑设计研究院 EA4 设计所所长、设计总监）：

今天的定义是白话说，我想可能是从白话文、从新文化运动开始讲这个话题，我觉得确实应该有时间站出来从专业层面思考这个问题。这是很好的机会，能够把所谓一线职业和社会、文化相结合，因为在座的毕竟多数还是在一线执业的专家或者相关人员。建筑和文化的关系确实已经到了我们现在必须要思考的时间点或者空间和时间的结合点。

什么是文化？我理解文化是一个社会、一个时代能影响人、影响时代发展的原动力，比如很多不容易表达的具象的东西，像文学、艺术、音乐、绘画，等等。我想建筑毫无疑问是这里边很具象的文化载体，它代表了一个时代。到现在为止，文化的重大节点，从建筑或者景观表达现象来讲，我觉得文艺复兴算是吧。如果从白话文、从五四新文化运动开始算一个新的文化节点，我认为今天还是白话文，没有跨到另一个时代去。

白话文的出现是一种文化运动，理论上讲应运而生的是文学、艺术、建筑等相关的艺术，但是很不幸，它被其他事件打断了，我认为这也是我们必须客观接受的现实。到了我们这一代人，能够有和白话文和新文化并行的文化产生，在近几十年之内我想也不能太悲观，还是得做点什么。回过头来说，我们在想的、在做的可能很重要，即便我们不是新的新文化运动，至少不能再给这个社会和环境添堵。

我们能做点什么？第一，少添堵，低调一点。实际上很多人都明知不可为而为之，尽可能有一定的职业操守，对审美、对环境等相关的基本的素质和要求，包括在座的和没有在座的都是能够控制很大一片局面的，不是说我只做我的项目，在尽可能的范围内，我要先说给建筑师、景观师自己听，在我们能够控制的范围内少添堵。第二，说给非职业人听的，比如陈教授、俞教授、媒体人，等等。刚才也提到了尽可能地搭建一个和今天一样的平台，把一些合理的、低调的氛围转达给社会，不光是建筑设计本身或者景观设计本身，有可能是我们这个社会整个文化背景、精神载体和未来宣传的媒介和途径。比如俞教授的作品，我想可能不光代表景观设计，某种程度上也是文化的载体。

朱颖（北京建院约翰·马丁国际建筑设计有限公司董事长）：

我生在黑龙江，上大学到北京来，前一半在黑龙江长大的，后一半在北京，从一个最自然的地方到中国最大的一片混凝土森林里来。我是最热爱自然的人，但是却生活在中国最大的混凝土森林里，做着全世界有史以来最大的事业，自身是很矛盾的。

我生在五大连池，这是黑龙江也是全国最重要的旅游区之一，我们家相当于在小兴安岭南路和松嫩平原的交界带，有山，有森林，有河，所以，我们家基本上是森林和农田、湿地的混合体。我们家区域的自然环境非常好，还有五大连池的火山和矿泉水。现在回忆起来，我从小生活的环境是特别美的环境。不过多少年之后破坏也是很厉害的。我小时候的印象，春天的主要颜色就是嫩黄色，因为黑龙江春天来得比较晚，基本夏天才是春天，所以夏天主要是花的颜色，一片一片黄色的菜花特别漂亮。我们的秋天又来得特别早。到了秋天，树叶有黄的、有红的，各种颜色都有。到冬天这些都没有了，变成白色，是雪的颜色。所以，我到北京之后，对我故乡的记忆一直都是非常美好的。

但是我做了一线建筑师，又参与到咱们国家最大规模的建设中来。我想把我20世纪90年代上大学到现在参与到建筑设计和规划过程中经历过的一些事情向各位汇报一下。

我小的时候，经历了黑龙江最大规模的轰轰烈烈的农业大生产。中国开发大东北的过程，实际上就是农业机械化发展的过程，原来的沼泽地和林地全部毁掉，变成了农田。但是，农田的生产效率非常低，这点我有体会。我小时候，我们那开垦出来的农田一半的收成能收回来就算不错，剩一半就扔地里。但是，为了这点农产品所付出的代价是非常大的，不是精耕细作的方式。这其实和苏联走的路有点像，苏联后来退耕还林，把很多耕地退回去，变成林地，原来小兴安岭木材非常多，后来逐渐家里周围没有树了，然后农场开始关闭，不准他们再伐木，90年代的时候要退耕还林。

当时我们还意识不到湿地对于环境的作用。90年代的时候，国内对于湿地的认识并不明确，东北尤其是黑龙江松嫩平原的湿地包括森林公园非常壮观，湿地应该是中国最好的几块湿地之一，因为过去没有那么多人，没有被破坏。但是，后来除了林地以外，沼泽地也大量地被破坏了。我特别欣慰地看到，在2000年之后国内也提出要保护湿地。所以，我对于俞博士提出人地和谐的观点是非常认同的。因为在黑龙江的开垦是土地的浪费，并没有实现真正的人地和谐。

在工作过程中，有几件事我特别注意。有一次我们做江西的一个规划，上面有很多湿地，我们特意留出大量的湿地。大概十年之后，我又去现场看的时候，湿地基本都整理出来，我特别欣慰。也有特别伤心的事情，比如我们在北京做的商业开发项目，第一次看现场的时候，野鸭子就在湖上，面积不是很大，但是一块原生态的湿地。这个项目做完之后，当时成为北京房地产价格最高的项目之一。湿地的这个湖也留下来了，但由于周围的开发，竣工的时候我们再去，湿地被破坏了，只留下了一个看着不错的湖。湖里最早有水草、芦苇、野鸭子、鸟窝，但竣工去的时候都没有了。一个好看的湖变成房地产项目的景观留了下来，但它的自然价值失去了，这也是特别遗憾的事情。我们在做建筑设计的时候，一定要尽我们所能来保护环境，如果能做得更好一点，其实更对得起我们的良心。

作为建筑师，如果能够影响到一个行业、一个国家的发展，如果能够关注到建设过程中的材料选用，对于国家、对于整个自然环境的影响，并在这方面做一些工作，我觉得是非常欣慰的事情。

最后，我特别赞同俞博士提出来的重筑桃花源、重建人地和谐的主张，我想这是在新常态下实现任何自然和谐特别重要的一个事情。而且在北大提出来，对整个社会的影响要远远大于我们在其他地方提出来。北大一直是学术界、在人文、在各方面影响我们决策，北大也是影响整个社会认知的场所，我特别赞成这个观点。

殷力欣（《中国建筑文化遗产》副主编）：

今天的话题是关于白话，我可能是到会的少数派。到现在为止，我始终对文言文充满了感情，而且我始终认为目前我们白话文的水平没有达到文言文的程度，比如诗人，我想徐志摩也好，闻一多也好，恐怕他们所达到的文学高度还没法和杜甫相比。

我想和陈平原教授做一点探讨。我们都在强调白话文，五四运动之后，又有另外一个论调，说白话文写得好的人都是文言文写得好的人。比如说钱基博，钱基博说鲁迅的白话文写得好，就因为他文言文好，鲁迅也只好一笑了之。但是，这么多年以来，我倒是越来越觉得这话是有道理的。白话是我们新时代的语言，它要有新的生命。但这个白话不是一杯白水，它要有内容的，这个内容可能包括方方面面，但很重要的东西就是历史文化积淀，这个历史文化积淀可能还要从文言文中去找。

叶欣（中广电建筑设计研究院主任建筑师）：

前些年我正好公派到宾夕法尼亚大学（简称"宾大"），为了追随梁先生的步伐去学建筑。后来我发现在宾大设计学院里话语权最牛的是景观系的人，他们一直提出大景观、小建筑的概念。在美术课上，我发现一个很有意思的现象。中国学生本身就很多，我混在里头跟他们一起画画，中国的学生画出来的画，造型、线条、明暗、光影这些技能非常强，明显感觉到这一套运用得非常娴熟。我们在讲 S 形构图各种各样方法的时候，我发现外国学生并不是关注那么多，对于某一块很感兴趣，他就把那块刻画得很有意思，他就做那个事。我后来觉得他们可能在画画过程中不是像我们美术这块还有素描、水彩等一套严苛的训练，他们最后可能比较率真地表达他们自己的一种理解。

李溪（北京大学建筑与景观设计学院）：

我在读一本书，是牛津大学建筑理论学家里·克沃特写的书，叫《亚当之家》，我觉得他这个书的很多观点可以用到我们今天这个场合。

刚才，很多老师提到"甲方"这个词，实际上我在来我们学院之前从来没听说过这个词，来了之后我才在想什么是甲方。当然，很多老师说甲方可能是对我们目前设计的最大限制。为什么呢？因为他有权力，由于这个社会整个都是由权力所主导的，所以我们失去了一些自由。实际上对权力的批判是非常前现代的，在西方来说这种批判早就已经过去了。

我想说的两点可能相对来说是进入现代社会之后的问题。第一个问题，20 世纪哲学最开始是对于理性的批判，但是这个理性批判并不是说我们要把理性完全革除，而是保留一些理性化的原则，包括我们知道的一些知识。《亚当之家》里有一句话，"农民有文化，但建筑师没有"，说得有一点点夸张。为什么里·克沃特这么讲呢？因为农民在建造的过程中完全基于自己对于环境的感知、完全基于自己的生活经验，但生活经验不是马上积累起来的，是需要长时间才能积累起来的。可能建筑师做设计的时候，他脑子里首先想的不是这个，他脑子里首先想的是他要达到某一种风格，或者他要设计成某一种样子，这个概念已经先入为主，在他的脑子里形成了，然后他才去做设计。而在这个过程中，什么被遗忘了呢？我们讲人被遗忘了，而这个问题是整个 20 世纪哲学都在反思的一个问题，就是如何回归到人的日常经验中，不让日常经验被理性所左右。

我自己理解的白话，可能就是一种基于日常经验的语言。法国有一个哲学家讲到我们要理解这个世界。我们是怎么理解的？如果按照我们自己课本上的知识，我们都要按照一些概念和理论来理解这个世界。但是，这个哲学家讲"我们应该从形容词开始理解世界"。什么是形容词？可能就是对于日常经验的描述，而不是框架式的东西。

我自己其实研究古代的东西比较多，我觉得古人实际上非常重视人的经验。我觉得《长物志》里有一句话讲，"石令人古，水令人远"。我们在考虑中国文化的时候，只会觉得这个园林里有一些石头和水，可实际上之所以建造起这些东西，是因为它跟人的生命体有很大的关系。形式到底是白话还是文言，或者到底是传统还是西方，可能都不是很重要，最重要的是我们是不是真切地了解到人是什么样的东西。

可能哲学家最没文化，因为他写书的语言都是概念式的，这是我们今天思想领域要探讨的一个问题。

另外一点，刚才俞老师讲到传媒问题。实际上传媒和大众也好，包括技术也好，今天已经形成了一个新的力量，这种力量几乎可以相当于原来的"上帝"，它的力量强大，我们现在所有的生活都被这些东西所左右。包括传媒，包括大众，我们经常讲它是双刃剑，可能有便利我们生活的这一面，但也会带给我们一些问题。比如说刚才很多老师批判的北京奇形怪状的建筑，它的奇形怪状起没起到最大的传播作用呢？起到了，它让所有人认识到它，这就是它的目的。所以说，其实当我们想要去利用传媒的时候，要有一个谨慎的态度。

今天中国大地上出现的这些所谓的摩天大楼也好，国外的白宫、埃菲尔铁塔也好，也是因为我们受到传媒的影响，觉得那个东西在电视里

会议现场三

看起来不错，所以就接受了。包括互联网媒体，我们可以很好地利用它，但有的时候要有一个更加谨慎的态度。

陈平原：

我有一段话念给大家听。大家想说白话，那就是容易理解的。那个论述是胡适的立足点之一，说出来白话，把整个语言降低了，变成特别土、特别土的语言，那不是我们的目标。两三年后，周作人写了一段话说："谁记得我们的白话是什么？以口语为基本，再加上欧化语、古文、方言等分子，杂糅调和，适宜地或咨啬地安排起来，有知识与趣味的两重统制，才可以造出一种有雅致的俗语文来。"这是我们的目标，不是说将来所有人都讲大白话，那就完蛋了，那中国文学就完蛋了。所以我们是想说，在文言文和白话或者用书面和口头语之间，我们想偏重于口头语，在这中间改造的时候，加上欧化语、文言，加上方言，调和出这么一个东西。其实说这些是因为我们想将来，比如说在落实的、转移到建筑或者景观设计的时候，我们会碰到什么样的困难。

刚才崔院士说的问题，那栋楼不是大屋顶的，最后还是选择的现代建筑，反而北大人文学院这几栋，当初设想是北大"洋"的学生需要"洋"的建筑，"土"的学生需要"土"的建筑。崔院士没有说得很直接，我们体会得到。时代变了，纯粹的传统建筑是不太适用的。我前面几年也在做系主任，分房子以后，最大的问题是每个房间都不一样，这里有一堵墙，那里有一个顶，只为了外景的好看。可是老师住在里边利用率显得太低，各种各样的问题就出来了。功能性的东西必须考虑。

我对建筑师是非常不满的，一栋一栋盖，就这个样子谁都会盖，经常说这个图纸卖给一个城市再卖一个城市，卖给好几个城市的都是一套图纸。而且在大家心目中，你们要么勾结领导，要么勾结开发商。我相信这是一个很极端的思路，但反过来想，建筑师怎么让像我这样不懂建筑的人明白你的苦心，你们要教会我们怎么看建筑，什么样的建筑是好建筑，你们必须让我们明白。没有一定的训练是做不到的。在这个意义上来说，过去我说的是建筑师只在自己的规划室里开会，我不知道你们到底有没有长进，而且我们不知道你们的苦衷。有些是暂时没办法解决的，但不是所有问题都是这样的，有些掩盖了你们的偷懒，有些东西是你们能做的。除了建筑以外，我希望你们能让我们更明白你们到底在什么地方有长进，你们到底用心在什么地方。

最后我想说的一个问题，这个论述本身，既是给我的，也是给甲方的。你必须让甲方明白什么样的建筑是好建筑，这是需要培育的。凤凰卫视有专门讲建筑的节目，每周都播。但是，其他电视台没有这类的。换句话说，你们的杂志、你们的建筑师学会、规划师学会应该走出你们的设计室，在北大开各种各样的课，培养学生的趣味。除了专业的建筑学者以外，让老百姓、让大众、让民众知道什么是好建筑、什么是不好的建筑。

　　老百姓不是故意的，而是他们不懂；你说很好，我认为不对。那我们就争论，在这个过程中逐渐养成一种审美观。当一个乱七八糟的建筑放在北京市中心的时候，所有人都会群起而攻之。现在没有这个压力。或者领导说了算，或者开发商说了算，这个状态其实是一个民族不成熟或者缺乏建筑美学导致的结果。

　　所以我说，我希望你们走出设计室，我相信很多像我这样关心城市文化问题的人可以与你们对话，我们来谈你认为什么样的建筑是好的，我告诉你我心目中的建筑是什么样的，而不是文史哲都认为大屋顶就是好的。你们太低估了文史哲的趣味，我们有我们自己的判断。

　　你应告诉我你这个想法在设计上出现什么困难或者根本没法实现。所以我希望培养公众，让我们一起做这个事情。

　　我们可以调动不同专业的学生，甚至我们可以一起开同一门课，比如建筑史。不懂建筑学的或者业余的，我们有另外一套解读办法，跟你的解读办法不一样。我们一起合作开课，包括开课的方式，可以两三个系一起开一门课。我希望从这个地方做起，来改变中国的建筑。

（根据录音整理，未经本人审阅）

关于建筑师负责制和全过程工程咨询的建议

费麟

为贯彻落实国办发〔2017〕19号文的精神，住建部及时提出了《关于推行建筑师负责制的若干意见》。这个意见对于在"一带一路"和"雄安新区"的建设中要按国际规则"请进来、走出去"的做法有很大现实意义。根据国内外的城市与建筑建设情况和自己的职业经历，现在提出一些建议，仅供参考。希望"建筑师负责制"和"全过程工程咨询"在中国能够尽快健康发展。

1. 建筑师负责制在国内外早已有之，但是1949年后情况有变。建筑师（architect）一词来源于希腊语arkhos（首领、统治者、首席）和tekton（木匠、建造者、承包人）。对建筑师在工程建设中的职责，2000年前维特鲁威的《建筑十书》中已有明确的规定。中国古代建筑的营造就是建筑师（皇家工匠）负责制，如颐和园、圆明园、故宫等就是先后由传承八代的雷氏建筑世家负责设计并领导营造的。上海著名的建筑师吕彦直开办了彦记建筑事务所，杨廷宝、赵深开办了基泰建筑事务所，设计上海国际饭店、大光明电影院等建筑的匈牙利建筑师邬达克都开办了设计洋行，当时都是采取建筑师负责管理的模式。国际建筑师协会UIA关于建筑师职业实践导则中也有明确规定。当前在国内外新形势下，无论根据"大陆制"（欧洲）还是"海洋制"（英国、美国），建筑业必然都要采用建筑师负责制的模式。

1949年以后，中国的建筑师负责制只局限于建筑设计。1949—1978年，属于以阶级斗争为纲的阶段。苏联援助我国156项大型工程建设，全面学苏过程为我国培养了设计、施工和管理人才，我国也开始在苏联规范的基础上制定了一系列的中国标准规范（GB）。那时156个工程的甲方都设立了基建处，承担了全过程的项目管理、工程监理工作。国家计划委员会和经济委员会、建设委员会掌握了工程前期的立项、可行性研究、经济估算与概算和选址工作以及设计、施工、采购、验收等的管理和监督工作。各设计院的建筑师和工程师主要的任务就是方案设计、初步设计、技术设计（就是扩初，后来干脆取消这个阶段）和施工图设计以及作为设计代表下工地配合施工（不是监理）。1952年在学苏的影响下全国进行院系调整和教育改革，理工合校。在建筑系的教学大纲中专业分工很细，强调工程实践能力培养，但是缺少对于基本建设的全过程教育，缺少有关工程建设的管理、经济等综合能力的教育。

1978—2017年，进入改革开放阶段。大规模的城市建设带来了建筑设计的黄金时代，基本建设慢慢走向正轨。各地进行圈地、引资、开发，渐渐形成新时代的一次城市建设大跃进。开发商纷纷进入基本建设市场。他们有机会出国参观访问，开阔眼界，往往比较开放，有经济实力，容易汲取国外工程建设的经验，逐步在城市开发中有比较大的话语权。开发商往往自己有一个强大的项目管理公司。在这个公司里设立工程前期部、设计部、监理部、运营部。例如万达房地产开发公司就建立了一个建筑规划设计院，自己可以进行前期设计工作，还制定了《商业综合体设计导则》。再如万通房地产开发公司，自己可以进行墙体保温材料的科研工作，在节能、绿色方面有自己的做法。相对于成天忙于做方案、参加投标找任务和赶图、改图、交图的建筑设计院，开发商的前瞻眼光、技术储备、管控能力、公关能力往往更有优势。久而久之，大部分的设计院，疲于奔命，忙忙碌碌于常规事务中。而建筑师也无奈地、默默无闻地作为政府和开发商的"绘图匠"，很难发挥应有的才能，更谈不上作为建筑师负责制的一名主师。

2. 建筑师负责制不是唯一的模式。建筑师负责制只是众多工程管理模式的一种，因此它不应该成为独此一种的强制性模式，而应与其他模式一起供业主选择。目前在国际上有各种建造模式，如EPC、BOT、BOOT等模式，其中建筑师根据和业主订的合同来确定责任范围，不一定是全过程。在国外许多著名建筑师自己开办建筑师事务所，建筑师本人就是法人代表，往往是一个建筑师事务所来全权负责，也就是建筑师事务所的法人代表负责。在中国，实行的是双轨制：体制内设计院的注册建筑师的图章有聘请公司的代号，注册建筑师本人不是法人代表，无权全权负责；而体制外建筑设计事务所的注册建筑师本人大多数就是法人代表，事务所的队伍精干，但是专业团队比较单一，经常要和体制内的设计大院合作设计，共同负责设计、建造过程。

3. 改革开放以后，曾经提出建筑设计单位要向两头延伸。虽然提出建筑设计单位要向两头延伸（设计前期和设计后期），但是由于行政管理是条块分割，受利益驱动，建筑师不可能单枪匹马挑起建筑师负责制的重担。《中华人民共和国注册建筑师条例》将我国建筑师更多的职业实践限定在建筑设计环节，使其无法对工程全过程进行实际有效的控制。工程前期阶段的立项、可行性研究、选址等工作，建筑师最多以"建筑策划"的身份参与，往往是免费的服务。设计前期的许多工作包括：立项、可行性研究、选址、咨询等部分作为工程咨询的主要内容（按原来发改委〔2005〕29 号令）属于发改委管理，工程设计与施工等设计中期与后期工作属于住建部管理。建筑师无法参与施工招投标，基本没有技术判断话语权。施工过程的控制由代建机构、施工单位、监理单位承担。二次分包与材料、设备选购等关键环节建筑师无技术控制话语权。双轨制前提下设计企业与建筑师个人之间的责权界定不明确，企业资质评定与注册建筑师制度的矛盾带来了责权利不清问题。总之，在这种情况下推行建筑师负责制困难重重。根据住建部《关于推行建筑师负责制的若干意见（2017 年 9 月 8 日修改稿）》的意见，明确以后施工图技术设计由设计企业负责，施工图深化设计由承包商负责。建筑师要承担承包商完成的施工图深化设计审核服务。

总之，在中华人民共和国成立以来六十多年的基本建设中，在建筑教育、工程实践、理论研究和媒体宣传上建筑师始终处于"绘图匠"（建筑设计师）的地位。总体上和国际上的建筑师负责制有比较大的差距。冰冻三尺非一日之寒！

4. 建筑师负责制需要顶层设计。（1）修编《中华人民共和国建筑法》；（2）修编《城乡规划法》；（3）修编《中华人民共和国注册建筑师条例》；（4）修编《注册建筑师考试大纲和细则》；（5）制定《建筑师设计保险法》；（6）修编《监理法》；（7）修编《项目管理法》；（8）修编《基本建设设计程序》（参考 FIDIC 条款白皮书、WTO 服务协定、UIA 建筑师职业实践导则）；（9）修编《建筑设计收费标准》；（10）尽快办理中国注册建筑师与国外建筑师互认协定；（11）尽快修编有关建筑工程公司和建筑设计单位的《保险制度》；（12）中国人劳部应该设立"建筑师"职位系列，作为工程师系列的补充；（13）大中专院校建筑系的教育大纲相应进行修改、补充；（14）制定《建筑设计招投标法》（或《建筑方案设计竞赛法》)。

5. 要明确在工程咨询中建筑师的作用。国办发〔2017〕19 号文中提出"在民用建筑项目中，充分发挥建筑师的主导作用，鼓励提供全过程工程咨询服务"。在贯彻落实中必须明确以下几个问题。

1）明确基本建设的程序（包括建筑设计程序）。要根据国际规则结合中国国情来确定工程建设设计程序。当前应该按照 FIDIC 条款白皮书、WTO 服务协定、UIA 制定的《国际建筑协会建筑师职业实践政策推荐导则》、1983 年 12 月中国建筑工业出版社出版的《基本建设工作手册》第三节"基本建设程序"以及全国注册建筑师继续教育必修课教材（之八）《职业建筑师业务指导手册》，重新编制《中国建筑工程的基本建设程序》。

2）明确什么叫工业建筑和民用建筑。国内外建筑师从来都是同时为工业建筑和民用建筑服务的。1949 年我国学苏以后才出现了工业建筑和民用建筑的不同设计院，建筑系内也出现了工业建筑教研组和民用建筑教研组。建筑师随着设计院的分工不同，分别从事工业建筑设计和民用建筑设计。特别是中国第一个五年计划建设期间，为了配合苏联援华 156 个项目的设计与建造，加快基础工业的建设，建设部在几个大区中纷纷建立北京工业建筑设计院、华东工业建筑设计院、东北工业建筑设计院、西北工业建筑设计院、西南工业建筑设计院、中南工业建筑设计院、华南工业建筑设计院（后来把"工业"两字取消了，但是保留了工业建筑和民用建筑的设计实力）。各工业部委也相应建立自己行业内的设计院，如第一机械部就设立了机械部第一设计院以及第二至第十一设计院。这些部委设计院也都具有工业建筑和民用建筑的设计实力。

当前建筑类型发展多样化，许多工程项目往往分不出是工业建筑还是民用建筑。例如，工业园区，科技园区，自由贸易开发区，移动科技开发中心，P3、P4 试验中心，航空飞机场区（总体规划、航站楼、配餐中心、仓库中心、维修中心）以及科学院建筑设计院设计的各种科研建筑，等等。这些有现代科技含量的建筑，能够分得清哪个是工业建筑、哪个是民用建筑吗？2000 年我看到英国阿兰·菲利浦编写的《工业建筑精华》一书，里面把飞机场航站楼、大跨度展览馆都列入工业建筑类型中（我和黄星元写了一篇介绍此书的文稿，登载于 2000 年第 7 期《世界建筑》杂志）。以后在"一带一路"和"雄安新区"的建设中，要有 FIDIC 来保驾护航（见《中国建设报》2016 年 4 月 19 日第 5 版《斐迪克：护航中国企业"走出去"》）。建筑师要提供全过程工程咨询服务，此时就很难区分工业建筑和民用建筑。

3）明确建筑师如何提供全过程工程咨询服务。我国于 1980 年与西德订立了《中德科技合作协议》，当时德国工程咨询协会会长魏特勒（Weidleplan，魏特勒工程咨询公司董事长）先生应邀来华讲课，介绍工程咨询的经验。并于 1980 年底向我国建委设计局周祥生局长发出邀请函。1981 年 2 月中机械部设计总院派出建筑师费麟和结构工程师陈明辉两人赴西德斯图加特进行在职培训半年（后来延长为 7 个月）。我第一次知道了工程咨询公司的概念，并且看到了 FIDIC 条款（中文版）。在培训过程中，通过工程设计、设计审查会、工地视察、各地参观访问等活动，我才明白魏特勒工程咨询公司和我们设计总院一样是一个综合设计院。该公司承担国内外的城市规划、工业建筑、民用建筑和军事工程设计项目。他们擅长设计造纸厂，聘请造纸厂的工艺师作为咨询工程师。我参加了他们设计的巴格达理工学院项目的部分设计任务，还参观了该公司设计的飞机场、体育场馆和住宅小区。回国后不久，在当时的外经委和建委主持下，由我们机械部设计总院和其他十几个工业与民用设计院作为发起单位，筹备建立中国咨询协会。1992 年我国正式成立中国咨询协会（当时有 63 个成员单位），1996 年我国正式申请加入 FIDIC 国际咨询工程师协会，被批准为成员国。由于我国条块分割、多头领导的行政管理模式，工程咨询被分成两块：工程咨询由计委（后来的发改委）管理；工程设计与施工归口建设部（后来的住建部）管理。建筑师的建筑设计本来就有设计前期、设计中期和设计后期三大阶段。由于政府管理部门不同，建筑设计前期工作变成发改委的工程咨询内容（不含设计内容），建筑师只能以建筑策划、概念设计参加设计前期工作（实际上就是工程咨询的工作）。从此，一个注册建筑师还要参加注册咨询工程师的职业考试，考试通过后才有资格参加工程咨询的工作。因此，这个中国式的工程咨询内容和国际上通用的工程咨询内容完全"貌合神离"。

由于国务院 19 号文明确指出："充分发挥建筑师的主导作用，鼓励提供全过程工程咨询服务。"因此，今后住建部管辖范围内的基本建设内容必然要包括工程咨询内容。过去中国"工程咨询"为两张皮，现在合二为一了，改称为"全过程工程咨询"。《中国工程咨询》2017 年第 9 期发表文章《准确把握和积极应对面临的机遇与挑战 努力推进工程咨询业务转型升级》和《全过程工程咨询的实施策略分析》。文中说："行政审批项目权限的进一步下放，综合性工程咨询单位的传统业务出现逐年锐减的势头。""综合性工程咨询单位依赖投资主管部门承接业务的优势丧失殆尽。""明确全过程咨询的概念是当务之急……全过程工程咨询是中国咨询业升级换代的突破口，是走向国际市场、提高咨询水平的重要措施。""中国工程咨询企业的国际化步伐明显落后。"文章又明确说："汲取中国工程咨询业'由小到大，到碎片化'的经验教训。"

2017年7月17日发改委发布《工程咨询行业管理办法（征求意见稿）》，对工程咨询的服务范围和专业划分做出规定，并且废除了2005年发改委29号文件。新的文件将工程咨询业务分为四大类，分别是：（1）规划咨询；（2）项目咨询；（3）评估咨询；（4）全过程工程咨询。显然这个分类中第四条包括了第一、二、三条的内容，有"同义反复"的逻辑错误。当前我国要求在"一带一路"建设中，要有 FIDIC 保驾护航。显然，我们必须对"工程咨询"有一个统一的认识，不能出现"工程咨询"和"全过程工程咨询"两种概念，应该统一在 FIDIC 国际工程咨询师协会的条款的基础上，因为中国工程咨询协会已经于1996年被批准为 FIDIC 国际组织的成员单位。

"书·展·课"布正伟创作历程系列活动

彭一刚　　　　　邹德侬　　　　　布正伟　　　　　崔愷

　　2017 年 10 月，天津大学建筑学院迎来建筑教育创建八十华诞，由天津大学建筑学院、天津大学北京校友会建筑与艺术分会、天津大学出版社、《建筑评论》《中国建筑文化遗产》编辑部联合主办的"'书·展·课'布正伟创作历程系列活动"，于 10 月 15 日在天津大学建筑学院举行，开启了纪念活动的序幕。

　　首先，由金磊主编主持布正伟新著《建筑美学思维与创作智谋》的发布与赠书仪式。他在主持词中说："布正伟不仅解析了徐中先生对他在建筑美学方面的诸多启示，还揭示了并坚守着如何作为才能让建筑承载文化的美学法则。本书的出版就是对建筑评论的有力支持，相信每一位打开布正伟新著的人，都会在强烈的代入感、先锐的穿透力下，获得一份建筑美学的丰饶和建筑批评的深沉，能更加理解职业建筑师何以对事业有热爱、坚韧与悲悯之情。布正伟在业界享有的声誉，贵在他踏着自己的节拍寻路，书写着建筑师的自信与高贵。"

　　布正伟的书以开阔的视野、理论联系实际的学风、明晰生动的语言、图文并茂的形式，从"感悟""研析""践行"三个部分进行阐述，使这部看上去朴素的著作内涵丰富，如同业界知识爆炸的"惊雷"。值得

赞扬的是该书的写作宗旨：建筑美学及其建筑美学思维，是怎样与建筑审美、与建筑创作发生密切

张颀

刘燕辉

金磊

联系的，又是怎样影响到他对《自在生成论》持续研究、检验与调整的。布正伟感言，建筑师要做好设计，既离不开手头功夫的硬实力，也离不开头脑中建筑美学思维的软实力，这两者相互制约又彼此促进。在新书首发式上，布正伟夫人、清华大学美术学院庄寿红教授，将画作《青山意气》赠送给天津大学建筑学院，以表达对天津大学建筑教育传承八十载的由衷敬意。

系列活动第二"板块"由张颀院长主持。精彩的"布正伟《自在生成》设计践行六题展"吸引着天津大学建筑学院的学子们。张颀表示："布正伟在'自在生成'设计理论与创作实践方面持续探索的成果，是上一代校友留下的值得我们回顾和珍视的历史记录，这些展板将在展览结束后收藏，以后每逢适当的时候还要展出。"该展览围绕"自在生成"理论，按六个专题展开："通过多维制导寻找自在生成规律""从混沌到融合探求自在生成机制""由挫折认清自在生成面临的变数""更多揣摩小

布正伟夫人、清华大学美术学院教授庄寿红老师为天津大学建筑教育八十周年赠画《青山意气》

会议现场一

会议现场二

建筑丰富的自在表情""为自在情境定制环境美术类作品""让城市设计也展示自在品格之美"。布正伟说，如果现在有人问：纵观有史以来国内外千姿百态的建筑美的创造，其中最难得的是什么？他一定会回答：是渗透着"真善美"建筑文化基因的"自在品格"，是难得自在的"自在建筑"。应该说，这就是布正伟在半个世纪的建筑创作实践中，用了近三十年的持续思考、研究、建构、检验、反思和调整，才从"自在生成"建筑美学观中得到的最本质的结论。该展览因切入视角新颖、主题内涵丰富、版式设计独特而受到业界好评。崔愷院士在展览"序言"中指出："应该说布正伟是那个改革开放年代中国建筑师的代表人物之一。他的作品、文章、论著、讲演在当代中国建筑文化发展历程中留下了鲜明的印迹，值得总结和记录。"布正伟的老同学邹德侬教授说，"自在"是放下包袱后自由的状态，是舍得辛苦、放下虚荣。布正伟一直在求学的路上，他大学二年级就在《人民日报》发表建筑彩画艺术文章了，这样的壮举放到现在也是少有的。布正伟执着学习的动力在于他知道自己的不足，他设计方案时，总是抓着人给他提意见，用最谦恭的态度对待设计的基本问题。他的恩师彭一刚院士也评价道：布正伟作为徐中先生最早带出来的三名研究生之一，继承了徐先生建筑创作的美学思想，他基本功扎实，理论的提出和设计结合得非常紧密，传承了天津大学的优良学风，是毕业生中的佼佼者。

在北洋大讲堂，崔愷院士主持了布正伟"我做职业建筑师寻路解困的持续进取历程"这堂课，这是系列活动的第三"板块"。布正伟结合自己半个世纪做职业建筑师的亲身经历，讲述了在持续进取中经历了哪些艰难困苦的阶段，告诉学子们，这种持续进取的动力和毅力从何而来。尽管现在时代语境不同了，但同学们还是听得津津有味，从他们全神贯注的眼神与表情中，可以看出他们已领悟到那些鼓舞人心的道理，即"在我们所处的这个时代，不进取，就

布正伟先生为天津华汇工程建筑设计有限公司总建筑师周恺大师签名

布正伟总建筑师在北洋大讲堂演讲

是倒退；不持续进取，就只能昙花一现！我们在职业生涯中的持续进取，就是对国家的最好回报，也是对我们自身价值'增值'的宝贵储蓄，由此可见，持续进取就是我们未来职业前途的定海神针。"报告结束时，布正伟又将他职业建筑师的人生经验送给同学们相互共勉："一定要有激励自己一辈子的梦想和信念；一定要有变心中梦想和信念为现实的那股子'轴劲'和'拧劲'；一定要把这股子'轴劲'和'拧劲'全都用在寻路解困上，并在这个漫长的历练过程中，不断地攀登上一个个高地！"在互动中，布正伟回答了同学们的各种疑惑："要做好设计该怎么去努力？""旅游对建筑师职业的最大好处是什么？""怎么看待现在的传统建筑风格往往不能与周边环境和时代语境相协调的问题？"等等。这是一堂很不寻常的"课"，崔愷院士做了精彩的总结，北洋大讲堂又响起了热烈的掌声……

在天津大学建筑学院由四个单位联合举办的"布正伟创作历程

天津大学学子认真聆听布正伟先生演讲

'书·展·课'"系列活动让人感悟到，布正伟对建筑创作半个世纪的执着情结之所以与寻常建筑师不同，就在于他始终以清澈的建筑理论指导他有特色的创作实践之路。无论在风景被"阉割"成残章断片的年代，还是文化清流飘满人造废料的时尚境遇中，布正伟都始终用他倾注笔端的源源思辨，记录下了视野犀利的建筑文字。作为一位奋战在设计一线的建筑师能在创作之余，潜心理论研究并取得丰硕成果，这在中国建筑设计界是较为罕见的。

天津大学建筑学院张颀院长接受赠书

天津大学建筑系老校友在布正伟建筑展前留影

正伟新著读后感

张钦楠

正伟老友:

收到您的新作(指《建筑美学思维与创作智谋》——编者注),翻了一下目录,很感兴趣,准备细细拜读。我现在垂垂老矣,读书很慢,看到后面忘了前面,只能边读边记下心得。大作拜读后寄上阅读体会,敬请指教,算是老友间的叙谈吧。祝身体健康,新年快乐。

钦楠 2017.12.11

又:我今年86岁,与一些长寿老人比还不算最老,但已自觉衰退,看书总是看到后面忘了前面,所以我对正伟说,对你的大作我只能边看边议,看一段写一些感受,作为参考。前后不连贯,自难避免。

2017.12.15

读后感之一:知难而进——投入一个美丽的陷阱(读四序有感)

哥特有言:"理论为苍白,唯生活之树常青(大意)。"建筑理论也难免是个"陷阱"。投入者津津有味,旁观者摇头兴叹。正伟有志做建筑美学理论的探讨,也等于是自投"陷阱"。然而他有一个十分有效的"防毒针",就是建筑实践,于是有惊无险。

2017.12.15

读后感之二:向新兴国家创作经验取经

正伟写吴良镛先生在印度对他说的一席话,我读了深有感触。当然我们不否定欧美大师的深厚功力,但新兴国家的建筑师自有其特色,往往在体现本国国情方面能胜过西方的建筑师，而这正是我们需要吸取的经验。

《建筑美学思维与创作智谋》书影

我没有机会去印度，但是文中讲到的三位大师，除多西外，我与其他二位都有过接触。与柯里亚第一次相识是1983年在澳大利亚，我们坐在一起听一个美国人做报告。听了一半他忽然递了张纸条给我，写的是："你看美国是否要垮台了？"我只能对他苦笑一下，就此认识了。他送我一本他的作品集，对我启发很大。以后我向一个评选单位推荐他作为评委，在评选过程中我发现主人对他不如对一些欧美评委热情，深感遗憾。我发现，在当时的一些建筑官员和开发商（甚至一些建筑师）心目中，来自欧美国家的建筑大师是"老师"，来自新兴国家的至多只是"同学"。

读了正伟回忆吴先生一席话的文章，惊喜地知道他在吴先生的启示下，十分注意新兴国家建筑师的创作。我觉得，他在探索"自在生成"理论的过程中找到了知音，"'建筑视界'不断拓展'"，并延伸到对建筑语言的深度认识。这种与众不同的途径是很难得的。他以这篇文章作为全书的起端，也很有深意。

事实上，20世纪后期发生在国际建筑舞台的主要趋势就是对柯布西耶通过CIAM推行的"国际风格"的抵制。建筑表现不再追求单一的语言和风格表现，而是要体现每个国家、民族和地域的本质特色，在此基础上创造自己个人的风格。正伟在探索"自在生成"理论的过程中找到了自己创作方向的"师长"（"三人行必有我师"），把他们的成败视为自己的养料，从他们的建筑语言中探索其文化根源，丰富了他对建筑语言学的理论观念，这是他取得成功的一条路径。

2017.12.16

读后感之三：非法与法，个性与理性

"法无定法，非法法也"和"无法而法，乃为至法"，正伟说："这16个字……成为我探索建筑奥秘的'风向标'。"很有深意。

这里所说的"法"，不是一般的民法刑法，不是国家的政策（"实用、经济、美观、绿色"）和维特鲁威的三准则（firmitas, utilitas, venustas，即坚固、有用、美丽）和各种公认的职业操守准则，也不是我

《自在生成》设计践行六题

题序——不安定岁月渴望设计但难有追求
题一——通过多维制导寻找自在生成规律
题二——从混沌到融合探求自在生成机制
题三——由挫折认清自在生成面临的变数
题四——更多揣摩小建筑丰富的自在表情
题五——为自在情境定制环境美术类作品
题六——让城市设计也展示自在品格之美

附《自在生成论》原著理论纲要:

1. 理性与情感——自在生成的本体论：建筑中的理性／人类精神的一面
建筑中的情感／人类精神的另一面
建筑中的情理关系／人类精神的两面整合
自在品格的第一特征

2. 空间与环境——自在生成的艺术论：从空间艺术到环境艺术
全境界的建筑艺术创造
空间与环境的合二为一
自在品格的第二特征

3. 内涵与外显——自在生成的文化论：建筑的内涵——建筑意味
建筑的外显——建筑表情
建筑内涵与其外显系统之间的转换
自在品格的第三特征

4. 随机与随意——自在生成的方法论：自在生成的变化机制
建立生动秩序的技巧
设计直觉与无意识创造
自在品格的第四特征

5. 跨越与修炼——自在生成的归宿论：建筑因缘与创作障碍
在修炼中跨越自身障碍
——"有界也无界"
——"有常也无常"
——"有我也无我"
——"有法也无法"
——"自在也非自在"
走向世界的东方之道

注：拙作《自在生成论》于1999年由黑龙江科学技术出版社出版，全书296页。

布正伟的"自在生成论"是一个比较全面的理论体系。……他的理论构架包括本体论（理性与情感）、艺术论（空间与环境）、文化论（内涵与外显）、方法论（随机与随意）与归宿论（跨越与修炼）五个部分，最后归结为"走向世界的东方之道"，鲜明地反对"欧美中心论"……这些发表于十多年前的观点，到今天仍然有其生命力。

——摘自张钦楠：《跨文化建筑》，商务印书馆，2009年第1版
插图为布正伟"《自在生成》设计践行六题展"第5展板

们常用的设计规范标准。它指的是理性以及正确处理个性与理性的关系。

正伟对这个"法"做了很深入的探讨，概括为"五论"：本体论、艺术论、文化论、方法论、归宿论。这是一个宏大的理论体系。

他在这个理性的基础上，提出"用'自在生成'去做建筑"，这就意味着要把理性与个性结合起来，把"'创作心境'与'作品语境'尽其'完美糅合'"。他提出："当作为建筑基因的'理性'（要求）和'情感'（要求）能适配地碰撞在一起时，建筑就获得了能产生良好社会效应的活力。"这就是"法无定法，非法法也"的含义。不加入"情感"的因素，只是搬用"理性"的条规去"做建筑"，是做不出像样的建筑来的，其结果只能是没有精神（文化）价值的、"千篇一律"的物质产品。我们见得还少吗？然而，撇开理性，只凭"情感"去"创造"，也无法被社会真正接受，这种"非理性"的产物，我们也见得不少。真正有价值的作品，是"个性"与"理性"的结合（包括一些看来是"非理性"，却隐含深层意义的作品），这就是"无法而法，乃为至法"，达到"讲因缘和内蕴、重圆融和整合、赢适度和得体"的境界。

读后感之四：面临复杂化的建筑语言学

在正伟的理论体系中，建筑语言学是个重要的"板块"。他对此花费的功夫是建筑师队伍中所罕有的。

在语言学中，建筑语言是突出的一部分。城乡的功能与面貌在很大程度上取决于建筑语言的优劣。

和一般语言的组成一样，正伟把建筑语言分解为语义、语形、语法三部分：语义指的是文化内涵，包括物质、艺术和精神文化；语形是组成语言的关键要素，包括形体、肌理、色彩、光照等；语法是语言规则，包括语法、句法和修辞等。它们构成"建筑空间实体的形态语言系统"。也正是这么丰富的内容，产生了建筑语言要素间的内部矛盾，正是这些矛盾，促生了"建筑语言演进的动力与规律"。他的基本经验就是：一要创意，二是妥善运用语义、语形、语法来表达所追求的意境。

从 20 世纪末期开始到现在，一种新的创作潮流正在侵袭我们的社会生活、思维、文化、艺术等各个领域（当然也包括建筑），这就是正伟所说的"复杂化"，或称"非线性艺术""人工智能化""深度学习"等等，人们一边热衷于搞"面部识别""声音识别""无人驾驶汽车""无人驾驶地铁"等等，一边又惊呼机器人将会奴役自然人，大难临头。

二战后出现的现代主义与之相比，实是小巫见大巫。我在纽约曾参观一个盖里作品展，惊奇地看到美国几乎所有的大中城市都在邀请他设计一座"签名建筑"，他似乎应付不过来了，对有的中等城市干脆在方盒子顶上加一个蝴蝶结敷衍了事。我看他的电脑终究要落到"黔驴技穷"的地步。

在中国，这类"复杂性"被欢迎的似乎只有鸟巢（且不问花了多少钱搞这种"超现代的钢铁网"）。品味"落后"的国人羡慕的似乎还是迪拜式的那些高楼（市长们唯恐自己的大楼不够高，达不到世界第一、中国第一、中原第一的高度）。从这个角度看我还是认同库哈斯的中央电视台大楼，他告诉人们：你建得再高，总有一天你会回到大地，折戟沉沙。

当人们热衷于发展"人工智能"时，我奇怪为什么我们不能在发展"自然智能"上多下功夫？就拿下围棋而言，机器棋手所持的不过是它掌握了几十副棋局的信息，能够预测对方的下一步棋。事实上，在落败的同时，也有几局是人战胜机器的，我们为何不能总结一下经验，学会打败机器的诀窍呢？

同样，在电脑能自动生成昂贵的"复杂化建筑形象"时，我们能否用电脑辅助做出更为节能绿色、经济高效、为民众所喜闻乐见的（即使是"非线性"的）的建筑呢？

2017.12.18

读后感之五："非理性"与"无意识"

正伟纪念勒·柯布西耶诞生 100 周年的文章，涉及柯布西耶作品本身的文字不多，着重讲的是"理性与情感的'亲合'"，认为这是柯布西耶"独具魅力"的主因。

应当肯定：柯布西耶一生的作品，主要是理性的（他年轻时的"理性"发展到要拆除旧巴黎，建设他"明日城市"的程度）。然而，到他晚年，忽然出现一座可称为"非理性"的杰作：朗香教堂。

正伟写道："非理性思潮的兴起，有一个很深的'潜层'——无意识理论，而这又与人类对自身认识的进化有着密切的关联。"

20 世纪中期建成的朗香教堂充满了象征手法的处理，正是唤醒人们潜意识的最有力的一种环境介质。朝客在这一环境中醒悟了自己被压抑的潜（无）意识。

对潜（无）意识的研究做出最重要贡献的是精神心理学家弗洛伊德（1856—1939）和荣格（1875—1961）师生二人。前者把潜（无）意识视作一种被社会否定的愿望、痛苦的记忆和情感等被心理机制所压抑的

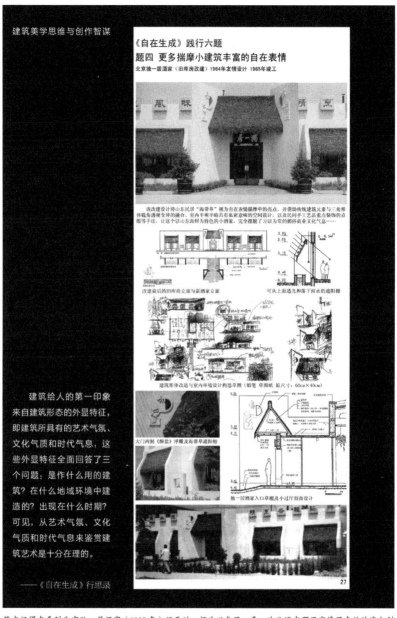

《自在生成》践行六题
题四 更多揣摩小建筑丰富的自在表情
北京独一居酒家（旧库房改建）1964年友情设计 1985年竣工

该改建设计将山东民居"海带草"视为自在表情揣摩中的亮点，并借助传统建筑元素与三角形体檐角透视变异的融合，室内半明半暗具有私密意味的空间设计，以及民间手工艺品重点装饰的点缀等手法，让这个以山东海鲜为特色的小酒家，完全摆脱了习以为常的鄙俗商业文化气息……

改建前后的旧库房立面与新酒家立面

可从上面造光和落下雨水的遮阳棚

建筑形体改造与室内环境设计构思草图（铅笔 草图纸 原尺寸：60cm×40cm）

大门内侧《醉翁》浮雕及海带草遮阳棚

独一居酒家入口草棚及小过厅剖面设计

27

建筑给人的第一印象来自建筑形态的外显特征，即建筑所具有的艺术气氛、文化气质和时代气息，这些外显特征全面回答了三个问题：是作什么用的建筑？在什么地域环境中建造的？出现在什么时期？可见，从艺术气氛、文化气质和时代气息来鉴赏建筑艺术是十分在理的。

——《自在生成》行思录

笔者记得在看到北京独一居酒家（1985年）门面时，颇为兴奋了一番，为此还在那里宴请了来访的澳大利亚皇家建筑师学会会长 D. 贾克逊夫妇。这种出现在首都的乡土风味（现在可能已不足为奇了），与当时奉命添加的大屋顶、小亭子相比，确实更具有一种"自在"性。

——摘自张钦楠：《跨文化建筑》，商务印书馆，2009年第1版
插图为布正伟"《自在生成》设计践行六题展"第33展板

储存库。后者赞同潜（无）意识是人的个性决定因素的观点，认为潜（无）意识可以分为两个层次：个性的和集体的。个性无意识是被遗忘或压抑的意识；而集体无意识则是人类社会的文化象征，由一系列"原型"组成。

正伟认为：建筑创作是理性 + 个性（情感）。这个"情感"如果只是"有意识"的，那就说明大量的"潜意识"还处于被压抑的状态，而人们却要通过"人工智能"来满足自己的需求（而"人工智能"又独独创造不出"情感"），岂不笑话？那么我们应当如何"有序"地释放自己被压抑的"潜意识"，使它投入创造的巨流呢？（就像修水库，要使水库中的水能"有序"地流放。）这是当前摆在我们面前的一个重要课题。

我为之寻找了一些国外出版的有关"潜意识"的书，发现确实有人从心理学的角度研究"释放"潜（无）意识的途径，但都差强人意。我倒觉得，柯布西耶的朗香教堂指点了一条路——适度的"非理性"，就像中药中有时要配一些毒剂一样。

我见到的"非理性"建筑中，印象最深刻的有两座：一是巴黎拉维特公园中瑞士建筑师屈米设计的《疯狂物》（les folies）。这是一群布置在规整的方格网（理性）上的构筑物——鲜红色的钢构架，什么都不像又什么都像。这是法国密特朗总统的"巴黎大工程"的收尾项目。（据说密特朗对"疯狂物"的称呼极为不满，要求屈米修改，但被建筑师所拒绝），它的边上是法国国家科技馆（也是密特朗大工程之一）。一个高度的理性，一个高度的非理性，提示人们在我们意识到的理性知识之外，还有大量无意识的"非理性"存在。二是洛杉矶由美国建筑师盖里设计的洛尧拉法学院（它不对外开放，我是通过一座半开的铁门溜进去的，被一位保安抓住，他听说我是来看建筑的，就特许我坐在庭院中观看）。它给人总的印象是"缺损"：仿照罗马的广场周围是没有柱顶花饰的圆柱、走向屋内的踏步边上的扶手倾斜一侧……这些非理性的处理向学生们提示罗马帝国的法典实际上是千疮百孔。

非理性建筑太多会令人疲劳，但是我觉得不妨有一些，向我们提示自己现有知识的贫乏。

2017.12.19

读后感之六："亲合"就是给理性加上灵魂

"理性 + 个性（情感）的'亲合'"是正伟创作思想的概括。

"情感"有爱、憎、喜、悲、和、斗、否、创……

情感的投入给建筑带来生命和活力，使建筑具有灵魂。

我很喜欢荣格在《人与符号》一书中引用的一幅漫画：一个怕老婆的男人每天下班回家，走近家屋时，那栋家屋忽然变成了他那恶狠狠的婆娘的脸面。这就是说：他的老婆"显灵"了。

"亲合"二字用得好。这个"合"不是机械的混合，而是有机的化合。

正伟列举"理性"的诸多内容，包括科学性、技术性、经济性、逻辑性、时代性、整体性等，提出以情感为指导的"量身裁衣"，赋之以灵魂。这里的诸多"性"，不是拼凑的，而是被消融后"自在生成"的。

再以柯布西耶的作品为例，他所有作品都是充满理想（情感）的（萨茨伊别墅求舒适、昌迪加尔首府宣扬西方民主、马赛人居单元追求垂直花园），但其表现手段却始终是线性为主的几何空间。

这就联系到对 architecture 和 building 二字的翻译和理解。通常这两个单词翻译为中文都是"建筑"（有时将前者译为"建筑学"或"建筑艺术"）。尽管到现在为止，我仍然没找到恰当的译法，但根据以上的讨论，似乎可以把 building 理解为一种纯物质的产品（房屋），而 architecture 则是"有灵魂的房屋"，也就是用理性＋情感所创造出来的物质与精神产品。

2017.12.20

读后感之七："地标"与"补偿"

正伟在本书中多处陈述了建筑的"城市意义"以及"地标建筑"的美学意义。应该说，建筑与城市的关系，对我们来说，仍然是一个没有得到很好解决的课题。

我是从意大利建筑师 A.罗西那里学到城市的特色是由其"地标"和"母体（matrix）"构成的。"母体"是我的翻译，不一定对。牛津英汉词典中有三种翻译：矩阵（如道路网）、社会环境、基体。我把它翻译为"母体"，是很冒昧的。我的理解，在这里，母体指的是一个城市里林林总总的普通建筑（主要是住宅），它相当于城市建筑的母亲，也是城市的"基体"。地标建筑是从母体中诞生的。例如北京紫禁城的"母体"就是一般的四合院。要阅读（了解）一个城市，既要了解它的"地标"，又要了解它的"母体"，以及两者之间的互相生成和影响的关系。

"地标建筑"不是建筑师自封的，也不是"官赐"的，它必须得到民众的认可。例如，北京的国家大剧院，就没有得到足够民众的认可。

"地标建筑"必须有"城市意义"。它能像一张名片一样，在全市、全省、全国乃至全球成为本市、本省、本国的文化代表，但并不是所有具有"城市意义"的建筑都能成为"地标"。也有建成后"挨骂"的建筑，随着时间的演进，被公认为"地标"，而有的得到"御赐"的建筑，却不被民众所接受。评价一栋地标建筑，主要看它的文化价值，看它能不能代表一个城市（乃至一个国家）的文化特色。（我个人就选择了十个建筑作为一些国家城市的"地标"，见附表。事实上，每个人心目中都有这样一张表。）

地标建筑的一个突出问题就是由于它规模巨大，往往是造价高、结构复杂、施工困难，并且过于追求形象，以至于在功能上有所缺失。这些缺陷使它有悖于经济、实用的准则，特别是建成后的初期。正伟从建筑作品审美的具体遭遇，提出了"审美补偿"的观点，即这个项目经济上的"失"可以用"美学"上的"得"来补偿。（我认为用"文化补偿"或更恰当。）实际上，一些地标建筑建成后初期确实显得"不经济"，但是其客观存在的地标作用，却往往能给城市带来良好的经济效益（如旅游收入的增加等）。例如，据詹克斯介绍，盖里的毕尔巴鄂古根汉博物馆，建设总开支约 1.24 亿美元，建成后 10 年带来的旅游收入就大于16 亿美元，2~3 年内就回收了开支。这种效益被称为"毕尔巴鄂效应"。

事实证明：城市地标往往不是以使用功能而是以卓越形象取胜的。它犹如一座巨大的雕塑，其卓越形象，往往不仅可以取得经济效益，而且能整体提高城市的文化品位，其无形收益是不可计量的。然而，建筑师的职业操守却不允许他有意地抛弃功能，用"人民的血汗去建造个人的纪念碑"，试图这样做的必然以失败告终，因为建筑毕竟不等于无使用功能的雕塑。形象与功能是一对复杂的矛盾，需要建筑师以高超的情感投入和精湛的调度能力妥当解决。

附表：本人所选世界十大地标建筑

序号	项目名称	国名 / 地名	建成年份	建筑师
1	林肯纪念堂	美国 / 华盛顿	1922	H. 培肯
2	萨格拉达家族教堂	西班牙 / 巴塞罗那	(1926 年因建筑师去世暂停，后人继续，现已建成)	A. 戈迪
3	莫斯科大学	苏联 / 莫斯科	1953	L.V. 鲁德涅夫
4	昌迪加尔首府建筑	印度 / 昌迪加尔	1953	勒·柯布西耶
5	巴西利亚三权广场	巴西 / 巴西利亚	1960	O. 尼迈耶等
6	代代木国家体育馆主馆	日本 / 东京	1964	丹下健三
7	悉尼歌剧院	澳大利亚 / 悉尼	1973	J. 伍重
8	蓬皮杜文化中心	法国 / 巴黎	1977	R. 罗杰斯与 R. 皮亚诺
9	特吉巴奥文化中心	新喀里多尼亚 / 诺美阿	1998	R. 皮亚诺

序号	项目名称	国名/地名	建成年份	建筑师
10	国家体育场（鸟巢）	中国/北京	2008	赫佐格与德穆朗

（1983 年，我有幸得以在悉尼歌剧院聆听音乐演奏，对一个音乐外行来说，并没有不适感，但同行的澳大利亚建筑师却有声有色地向我们介绍他如何在后台化妆室——位于穹顶尖端中——脑袋碰天花板的经历。这也许是形象损害功能一例吧。）

2017.12.21

读后感之八：铭谢后记

谢正伟在 2017 年年终之前，给我寄来了他的新作。由于年龄关系，我只能粗浅地拜读部分章节，随读随记下自己的一些体会，已经感到受益不浅。

我遗憾的是在我还走得动的时候，除了专门去德胜门外"独一居"酒家观摩他的这个作品外，我竟然没有机会去拜访、阅读他的一些主要作品。然而就一些照片和文字介绍，给我的印象就是它们（像"独一居"酒家那样）都有个性，这使我想起苏东坡的一首诗：

人生到处知何似，应似飞鸿踏雪泥，

泥上偶然留指爪，鸿飞那复计东西。

正伟说他属于中国现代建筑师的第四代，我不禁肃然起敬：中国的城乡建设和建筑创造难道不就是这一代代的"飞鸿"留下的脚印吗？他们继承发扬前代的优秀传统，在新的环境中不断探索发挥，每一代都创造新的辉煌。在当前我们的第五、六代正登上建筑舞台之际，难道我们能忘记前几代的艰辛探索吗？

正伟是一位肯在复杂的国内外环境中，理论和实践并举进行刻苦研讨探索的学人。他深入研读中外历代的建筑理论（不论是发达国家或新兴国家——"那（哪）计东西"），广取博采，构筑了自己信守的理论体系，他称之为"理性"，这还不够，要真正"做好建筑"，还需要加上自己的个性和情感，付之于实践。

"理性 + 个性（情感）"就是他的创作理念。这里的"理性"，有他总结的"五论六性"加上建筑语言学的操练；这里的"情感"总的说来就是怀着为祖国争光，在中国大地上留下有文化价值的"指爪"的抱负。理性 + 总的情感 + 每个项目的个性，就构成了他的创作特色。

《自在生成》践行六题
题一 通过多维制导寻找自在生成规律
重庆江北机场航站楼一期 1986年规划与设计 1991年竣工

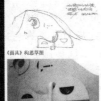

《面具》构思草图

配置有航站区监控摄像头并与中央大厅
吊顶与道相连的最撼"面具"造型，带有
"笑迎来往旅客"的意味，这是学习和借鉴勒
·柯布西埃设计手法作"自在表达"的初次
试验。"面具"在中央地位起到平衡益状动
势的作用，也协副与炎热气候设计的实施上
各种几何图形的孔洞连成一体，构成了《天
空·江河·航服》的立体抽象画面……

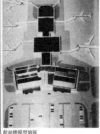

航站楼模型俯视

构思草图：由对称空间形体向靠对称方向的转变过程

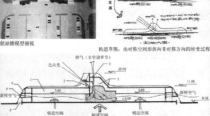

航站楼陆进道、出港大厅适应炎热气候条件的剖面设计分析
下图：航站楼国际航线联检大厅适应炎热气设计的实墙面采光处理

自在生成"多维制导"
是让各种设计因素和建筑
元素，从混沌状态沿着自
在生成方向进入融合景象，
最终实现设计尽其优化这
一目标的重要保证。自在
生成多维制导过程，始终
贯穿着设计主持人在建筑
本体、建筑艺术、建筑技术、
建筑文化、建筑价值等方
面的美学思维活动。

——《自在生成》行思录

他在民航时期所设计的重庆江北机场候机楼（1991年）和烟台莱山机场国内与国际航站楼（1992年与1997年）
的口碑均不错。他本人对前者的描述为"顺其自然的象征与隐喻"，尽管很多人赞美它的"大鹏鸟"形象，
但笔者对其中的通风设计更感兴趣，在"可持续发展"兴起之时再来看它，应当说它的"自在"设计具有相
当的前卫性。

——摘自张钦楠：《跨文化建筑》，商务印书馆，2009年第1版
插图为布正伟"《自在生成》设计践行六题展"第10展板

怀着他这样思想感情的第四代建筑师为数不少，但可以肯定：他是其中的佼佼者。

作为基本上同龄的一个"槛外人"，我在此对这次阅读所带来的愉悦和欣喜，向正伟表示我的谢意，祝他像诗中所说的"鸿飞那复计东西"，继续发挥自己的个性与光芒。

2017.12.22

附：布正伟致张钦楠先生的感谢信和张老的回信

张老您好！

从电子邮箱已收读您写的《读后感之八》了。您 86 岁高龄，不辞辛苦、劳累，为学生拙作陆续写出了视野如此开阔、内容又如此生动的诸多感触、体察与剖析，使我颇为感动，同时，更深受您"既看重哲理深度，又珍视返璞归真"这种建筑审美情怀的感染和教育！我已与《建筑评论》金磊主编联系，他说，将全文收录您的《正伟新著读后感》（8 篇）。再次衷心感谢您对学生这本新书情深意切的评论和关爱！祝您圣诞、元旦双节快乐，生活幸福安康！

布正伟 2017 年 12 月 24 日于广东惠州

正伟：

我的那些零星体会实在没什么内容，只是感到很多人不理解你处的时代有多少艰辛。学一点理论要"批"，搞一点创新要"批"。我遗憾的是没能实地看到你的许多作品，不然可以多写一些体会。祝新年快乐。

钦楠 2017.12.24

张钦楠简介

1931 年生于上海，1951 年毕业于美国麻省理工学院土木工程系，曾任中国建筑学会秘书长、副理事长，在上海、北京从事建筑设计工作近 30 年。先后当选英国皇家建筑师学会、美国建筑师学会和澳大利亚皇家建筑师学会名誉资深会员，日本建筑家协会和俄国建筑家同盟名誉会员。主要著译编作品有：《建筑设计方法论》《现代建筑——一部批判的历史》《人文主义建筑学》《阅读城市》《特色取胜》及《二十世纪世界建筑精品集锦》等。

用美学思维检验建筑师的思维语言
——布正伟《建筑美学思维与创作智谋》读后

顾孟潮

近来，在我研习"建筑思维语言学"的日子里，有幸与布总"不谋而合"。我发给他第一个微信信息时便得到他的支持，他非常赞同华为老总任正非先生的观点。

微信内容如下：

思维语言比形式语言更为重要。

华为任总 7 月份在巴塞罗那恳谈会上的讲话使我有振聋发聩之感。我认为在城市规划建筑设计、房地产界这种情况很普遍，他的话切中要害！

任正非老总说，虚拟经济是实体经济的工具，不可因为工具能直接带来真金白银，就直接追逐真金白银，不该在炫耀锄头时忘了种地！

如果我们把"虚拟经济"四个字换成"建筑形式语言"，把"实体经济"四个字换成"建筑思维语言"，建筑界的朋友们就会头脑清醒地认识到：

建筑界多年来痴迷于建筑形式语言，忘记建筑思维语言更为重要，这不正是丑陋建筑源源不绝、屡屡不改、久治不愈的重要原因吗？

目前建筑界掌握建筑思维语言的人越来越少了！房价虚高、海绵城市、智慧城市满天飞的现象就是证明。

布总立即回复：已收读，拜谢！您转发的那位老总的观点切中时弊，我深有同感，但已积重难返，这跟上边炫耀面子工程的辉煌之风同出一辙，很少引起建筑圈内人物的警觉！

顾又发信说：

走出风格与流派的困惑。

在学习建筑思维语言时，我赞赏布正伟学兄的思路，走出风格与流派的困惑，建立自在生成的变化机制，使其自在生成。

布总认为，建筑不但有外在的"风格"问题，更应该有内在的"品格"问题，而且"品格"应该高于"风格"，只有按照建筑本体论的规律行事，才能获得品格上的意义，才能有一种恒久意义而不是转眼即逝的烟云。

追求建筑的高品格，是布总"自在论"的建筑哲学基础之一。科学的建筑环境艺术观念是其"自在论"的最重要的理论基石。因此他走出了"风格与流派"的外在形式标签的思维误区。他可以借鉴风格和流派的思路和手法但绝不跟风或不加思考地盲目引用。另外，他开始感悟到东方哲学思想的深奥魅力，这也是他立论成功的重要原因之一。

布总倾向于东方哲学的立论思路，使我想起芦原义信在美国哈佛留学时，他的导师看到他模仿欧洲建筑的绘图后对他的开导："你是来自东方国家的青年，不是欧洲的留学生。Be original ,be creative !"这使芦原义信受到极为强烈的震撼。

回想我们同行中，有的中国青年建筑人，不知不觉地常常忘记了自己身为东方人的自我意识。这种状态下的思考怎么能有独立之思考、自由之精神呢？（见 [日] 芦原义信著《建筑师的履历书》第 22 页）

详见布正伟著《自在生成论——走出风格与流派的困惑》，黑龙江科学技术出版社，1999 年第 1 版。

布总 9 月 3 日晚 9 时 47 分告诉我：明天把我归纳的《自在生成践行六题》的 1+48 版面发你邮箱，供交流切磋。

布总无私地与我分享他的学术成果，使我逐渐地走进他的《建筑美学思维与创作智谋》大作。

此书表明，布总继《自在生成论——走出风格与流派的困惑》之后，18 年来继续奋力探索，硕果累累。衷心祝贺他在"自在生成建筑美学行思录"基础上又有此大作问世，并达到了建筑理论与创作上的新高度。

这里汇报一下我初读后的收获，求教各位同人。

使我深为受益的是其美学思维深化进程的六个切入角度（层面）。

1. 建筑本体论层面——深入思考"建筑是什么？"

2. 建筑艺术层面——思考建筑艺术本质属性与其表现手段特性的内在联系。

3. 建筑技术层面——建筑技术在其物质外壳形式（即材料与结构）的运用中，有哪些直接影响"技术美"表现的设计因素？

4. 建筑文化论层面——建筑文化的物质层、艺术层（中层）与精神文化（上层）各层面的比重和差异。

5. 建筑价值论层面——建筑价值的创造究竟体现在哪里？

6. 建筑方法论层面——弄懂"法无定法，非法法也"和"无法而法，乃为至法"中的辩证思想，同时在设计中体现的理性、情感、随机性与随意性等如何处理得恰如其分。

布总的六个切入角度（层面）体现了其相当深刻全面的建筑美学的复杂大系统思维，该思维无论在深度、广度还是高度方面均达到了空前的水准。

另外，他在总结如何把"建筑美学思维的理论成果"转化为创作设计的"软实力"时，提出了六条实践经验路径的要领，也非常有借鉴性与可操作性，略述于下。

布总强调：

1. 建筑的"自在"，是建筑表现出来的一种可感知的状态，是相对于"不自在"来说的（建筑现象有三种状态：自在、不自在和混合状态）；

2. 处理好建筑的复杂性带来的各种问题，正是创造"自在建筑"之关键所在；

3. 不能只从一点一面去看建筑、做建筑，如功能决定形式、风格伴随技术等；

4. 自在生成"多维制导"是让各种设计因素和建筑元素，从混沌状态沿着自在生成方向进入融合景象，最终实现设计尽其优化这一目标的重要保证；

5. "多维制导"有三个重要环节，即从不同侧面和视角搜寻各种设计信息，找出"多维制导"必须抓住的核心创意和要素；

6. 合乎情理地控制好建筑理性和建筑情感的融入，乃是自在生成"多维制导"运作的证据所在。

我体会，把"建筑美学思维的理论成果"转化为创作设计的"软实力"的结果，实质上，很大程度上，体现在形成自己的建筑思维语言和建筑形式语言上。因此我对布总提出的"多维制导"成为"软实力"的机制十分感兴趣，正在进一步学习领会之中，不知这一理念准确与否？请教各位。

这里还想说几句，学习斯克鲁顿（R.Scruton）《建筑美学》论文的体会，因为他与布总的观点颇有"英雄所见略同"的感觉，十分值得参考。

这是读了王贵祥教授论文后重读斯克鲁顿《建筑美学》论文的一点儿感想，用微信向王教授就其《建筑美的哲学思辨——读斯克鲁顿的〈建筑美学〉》请教，也向各位请教：

建筑本质。

感谢王贵祥教授的大作（《建筑美的哲学思辨——读斯克鲁顿的〈建筑美学〉》《建筑学报》，2004（10）：82-83），提醒我重读斯克鲁顿的美学论文《建筑美学》，深受启发。

他指出，建筑本质有七个特性：实用性、地区性、总体效果性、科学技术性、公共生活性、政治性以及美学鉴赏的理性自觉性。

这不正是环境艺术与科学的本质特征吗？

斯克鲁顿于1977年（即40年前，比1981年第14届国际建协大会发出的《华沙建筑师宣言》还早4年）能有此高论是了不起的贡献吧？请教各位。

总之，我感觉大作《建筑美学思维与创作智谋》，在某种程度上，是一次"用美学思维检验建筑师的建筑思维语言和形式语言"，探索建筑美学理论与实践的成功之举。可喜可贺！

《建筑美学思维与创作智谋》新著出版座谈会发言

庄惟敏

　　自毕业近三十多年来，我一直都在建筑创作和教学中摸爬滚打，创作实践与教学的研究使我对建筑创作的理论十分关注，而这种关注带有很强的实用主义色彩。总喜欢将建筑大师的设计作品和他的理论文章对照起来研读，读理论文章的字里行间仿佛看到了大师建构的语义表达，而看其作品又仿佛看到了大师创作理论的实体再现。这种读法让我认识和了解了许多优秀的建筑师，他们在我的脑海中的印象不仅是他们的一个个建筑，更是他们与建筑作品理论与实践的整体映射。虽然既做设计又写书的不在少数，但是真正能做到"立建筑也立言"（邹德侬语）的建筑师并不多。布正伟先生就是其中的一位。和布总的熟稔缘自加入中国建筑学会理论与创作委员会，布总的激情与睿智，以及他对建筑创作理论探究充满的热爱深深感染着我。他接替马国馨先生作为理论与创作委员会主任委员后，更是积极倡导理论的原创与争鸣。在多次的建筑创作论坛上他都是语出惊人，侃侃而谈，从他的《自在生成论》《建筑语言论》两部专著，到《创作视界论文集》，再到今天的《建筑美学与创作智谋》，一路读下来，我深刻地感受到一种思想和行为的共鸣，布总激昂的状态时时如影像般浮现出来，他的文章也因之变得生动而真实，这是一种建筑师创作真性情的表达。

　　有人说现代主义建筑的精髓在于真实，无论我们今天是否要补上现代主义这一课（很多学者认为中国的当代建筑缺了现代主义这一课），还是要把它上升到创作理论的理性化的高度，将理论和创作真实地结合，将思想与操作连贯起来，学理与工法融汇，知识与技能共轭，正是今天中国建筑追求真实美的关键。布总作为一线建筑师，他在创作的同时，以开阔的视野倾心理论的求索，涉及建筑文化、城市、环境艺术和建筑师修养，其中还蕴含着建筑师的自我反省和自我超越的思辨，读来让人启发和震动。

布总在书中通过"悟道""研析""践行"三个层次，展开了自己对建筑美学理论的探索，他明确指出，有社会责任感的建筑师在认知建筑审美信息这种传播现象及其规律的时候，须保持清醒的审美眼光和设计头脑。他尖锐地指出，"千篇一律"现象的泛滥，并非"建筑共性"的表达，而是设计手法被反复套用、嫁接、模仿，乃至拙劣抄袭导致的最终结果，这正是当下新丑陋建筑产生的根源。布总鲜明的观点与其创作理念是高度契合的，这在他的很多作品里都有所体现。

其实，建筑是个高风险行业，不仅是因为建筑师设计和建造出来的建筑关乎人们的生命财产安全；还因为建筑这个"东西"，它一旦矗立起来你就很难移动和改变它，既不能移走更难以遮蔽，它就会一直矗立在那里，构成新的景象，改变已有的环境，成为一个新的元素嵌入到我们的现实生活中去。它的价值是通过其使用功能和美学表达的统一而实现，两者的分离都无法构成理论意义上的优秀建筑。建筑这种具有功能内涵之上的美学表征性的属性，使得它不同于一个功能性容器或一件诸

《建筑美学思维与创作智谋》出版座谈会在中国建筑设计研究院召开

如雕塑之类的美术作品。所以，建筑一经建成就活脱脱地展现在那里，无论美与丑都将经历着人们的审视。作为建筑师我们曾经都有或多或少、或大或小的心惊肉跳的设计出手，而令自己汗颜。因为它已成为既成事实了，无法改变了。这种创作的体验实在是建筑师最为纠结和郁闷的。

所以，我理解，建筑创作不能是随性的，建筑师要慎独，要有敬畏之心。对自然要有敬畏之心，理解自然，学习自然，顺自然之势，而不是试图去改造或强加它；对文化要有敬畏之心，文化是建筑创作灵魂的体现，那些优秀的建筑作品都体现出精深的文化理念；对历史要有敬畏之心，历史传承和发展是人类发展最根本的源泉，离开了历史的继承就谈不到发展。布总的书让我再一次认识到：求真务实地去清理"真善美"建筑价值创造中的种种障碍，正在成为我们新的历史担当。

在我眼里，布正伟先生是一位思想型的建筑师，是一位"持续自省的建筑师"（邹德侬语）。在短短的十几年间，布总在设计创作之余能奉献出有相当深度的理论研究专著，是极其难能可贵的。

布总是我专业上的学长，更是我们中青年建筑师的挚友，他广阔的视野、思辨的思想、扎实的专业功底以及充沛的创作激情，让78岁的布总在我眼里仍像28、38、48岁的少壮之人。

读布总的书，感受他的为人。

向布总致敬！

2018年1月22日

布正伟新著《建筑美学思维与创作智谋》出版座谈会在中国建筑设计研究院举行

2018 年 1 月 27 日，由天津大学北京校友会建筑与艺术分会主办，中国建筑设计研究院本土设计研究中心、《建筑评论》编辑部承办的天津大学北京校友会建筑与艺术分会 2018 年新春联谊会暨大国工匠——校友成果展 / 北京站及布正伟新著出版座谈会在中国建筑设计研究院举行，这是继 2017 年 10 月 15 日在天津大学建筑学院举办的 "布正伟先生新著《建筑美学思维与创作智谋》书·展·课 天津大学建筑学院系列活动" 后的第二场新书发布座谈会。中国工程院院士马国馨、崔愷，原中房集团总建筑师布正伟，全国工程勘察设计大师李兴钢，天津大学建筑学院院长张颀，中国建筑技术集团有限公司总建筑师罗隽，中国建筑设计研究院副总建筑师曹晓昕，北京市建筑设计研究院有限公司第一设计院院长金卫钧，北京市建筑设计研究院有限公司总建筑师叶依谦，中国航空规划建设发展有限公司总建筑师傅绍辉，清华大学建筑学院教授张杰，中国建筑学会建筑评论学术委员会副主任委员、《建筑评论》主编金磊，中国建筑工业出版社编审吴宇江，天津大学建筑学院校友会秘书长杨云婧等六十余位来自建筑界、文博界、传播界的专家领导及天津大学北京校友会建筑与艺术分会校友们出席活动。活动共分为 "大国工匠——校友成果展" 及 "校友联谊会、布正伟新著出版座谈会" 两部分，崔愷院士、金磊主编任主持人。

在 "大国工匠——校友成果展" 开幕仪式中，崔愷院士阐述了本次活动的安排及主旨，随后张颀院长在致辞中说："大国工匠——校友成果展从天津出发，到深圳，到西安再至河北，从河北到杭州，从杭州到上海，最后终于到终点站北京。这个展览在天津大学建筑学院是常设展览，校友们的卓越成果一直激励着天津大学建筑学院把建筑教育办好，我们也时刻关注着校友取得的新的成就。"据悉，"大国工匠——校友成果展"是以天津大学120周年校庆策划出版的《北洋匠心》第一辑内容为主体蓝本，结合天津大学建筑学院发展概况的简要介绍。展览中容纳了100多位校友的200多个项目作品的精华，包括众多国家级大型工程及有重大影响力的作品，北京的校友参展人数达30位，占总人数的1/3。

在与会嘉宾参观"大国工匠——校友成果展"后，"校友联谊会、布正伟新著出版座谈会"举行，与会嘉宾共同观看了"天津大学建筑教育80华诞"及由《建筑评论》编辑部拍摄制作的《布正伟先生新著〈建筑美学思维与创作智谋〉书·展·课　天津大学建筑学院系列活动》纪录片，该片集结了2017年10月15日布正伟先生"书·展·课"学术活动的精彩瞬间，展示了布正伟先生在深耕建筑设计之余，潜心理论研究取得的丰硕成果。

在"布正伟新著出版座谈会"环节中，作为《建筑美学思维与创作智谋》策划出版团队代表，金磊主编简述了这本著述的出版历程，他说："自2013年5月，承蒙布正伟先生的厚爱，《建筑评论》学刊开设《布说悟道》栏目，每期刊登布总的专题文章，该栏目一经推出受到广泛好评，《建筑美学思维与创作智谋》一书是布总在该栏目基础上丰富著述而成的。该书集成了布总多年来建筑创作的心得感悟与研究成果，全书贯彻布总提出的'坚持建筑文化不离谱'的原则，充满了尖锐的穿透力。读该书能获得一份建筑美学的富饶和建筑批评的深沉，能更加理解作为一名职业建筑师何以对事业有热爱、有坚韧、有敬畏和悲悯之心。布总在业界享有声誉，拥有挚友，贵在他踏着自己的节拍走路，抒写着建筑师难得的自信与高贵品质。"

布正伟总在讲述《建筑美学思维与创作智谋》编撰心得时首先对各方支持表示感谢："感谢天大母校建筑学院和张颀为首的院领导为我们举办的天津大学建筑学院'布正伟创作历程'书·展·课活动；感谢《建筑评论》编辑部金磊主编带领的优秀团队和天津大学出版社的编辑们。当时他们让我在《建筑评论》开辟专栏，我觉得担子太大，但后来我也答应了，因想起过去向徐中老师学习的体会和认识，有关于建筑语言研究的，还有建筑美学思维的内容。最后借《建筑美学思维与创作智谋》的出版总结一下。这本书如果没有金磊的策划和崔愷院士多次的鼓励或者激励，最后不可能出版。2017年10月我年满78岁时能出版这样一本图书，恰逢天津大学建筑教育创立80华诞，今天又有幸和同人们会聚在一起，想到的是多听一些批评指导，以便使自己得到充实和提高……这本书的问世让我完成了对自己半个世纪创作实践与理论求索互动历程的总体回望，实现了向我的引路人徐中导师做述职汇报的想法。"

马国馨院士作为《建筑美学思维与创作智谋》一书序言的三位作者之一（其他两位作者为崔愷院士、邹德侬教授）。他在发言中说："布总对这本书的出版极其认真，祝贺布总新作出版。《建筑美学思维与创作智谋》非常'接地气'，建筑设计行业最大的特点是为人而服务，因此肯定要追求真善美，尤其是布总从美学角度来说，追求真善美本身确实是非常核心的、非常基本的。他从不同的角度、不同的切入点来解答这个问题，下了很大功夫。给了建筑界很好的启示。"

参会嘉宾纷纷就布总新著及布总研究成果发表感言，张杰教授说："布总在 30 年前就开始思考文化复兴与文化自觉的命题，在很多建筑师前辈的作品中文化总是贯穿在其中的，布总提出的建筑美学文化和建筑理性十分关键。"金卫钧院长表示："《建筑美学思维与创作智谋》的出版，对于当代建筑师而言是宝贵的精神食粮。布总工作充满激情，热爱建筑设计的精神值得我们学习，此外要学习布总在坚持'文化自信'的前提下，与时俱进，与时代共鸣。"李兴钢大师在发言中说："布总是一位理论和实践并行的建筑师，他创作了许多耳熟能详的经典作品。同时，他的自在生成论、结构构思论等理论性的思考也令人印象深刻，在中国当代建筑师里是非常独特的。"吴宇江编审说："布总将他的建筑创作经验总结成八个字，'经读穷诗，善解多练'。经读就是要读经典，穷诗就是在思考，善解就是回归到建筑创作本原上来，多练就是让建筑师要多加练习。这本书的特色是把建筑创作实践和建筑美学思维理论结合起来了，既做了实践，又做理论研究，这十分难得。"罗隽总建筑师在发言中说："布总给我最大的体会就是他的理论和建筑创作是并行的，对我们在建筑的认识、探索、思索方面起到非常积极的鞭策作用，而且他一直保持着惊人的创作激情，尤其是建筑评论方面的造诣令人钦佩。"傅绍辉总建筑师强调："布总在不同时代推出的作品也好，写出的文章也罢，总能让我受到一些启发。布总曾向我们年轻建筑师提到，做建筑师就要过好瘾过足瘾，把职业建筑师应该掌握的技巧尽快掌握，在一生的创作时间中过足当建筑师的瘾。"曹晓昕总建筑师提出："布正伟先生对我产生了特别强力的引导，他对学术理论有着特别积极的状态，同时又保持很强的激情，这种激情其实有一定的批判性，也是建筑师能够在学术上保持一种力量的源泉。布正伟先生在很多地方是理论先行，然后再进行建筑创作。随着中国建设速度开始变慢，在质量上开始更多思考以后，这样会给我们很多启发。"叶依谦总建筑师说："我的导师是邹德侬教授，布总跟邹老是同学，布老算世叔。邹老师经常将布总作为学生的榜样，说你们将来工作之后一定要像布总一样，一手搞创作，一手写文章，做到低头拉车，抬头看路。布总的作品总能跟环境、跟景观、跟艺术相结合并做到新的高度，这是我们在建筑创作中应认真思考的。"清华大学建筑学院院长庄惟敏因故未能参会，委托金磊主编代为发言。

    崔愷院士在会议总结中说："今天是特别好的机会，利用北京校友会这样一个场所，又请了马院士和来自不同单位的建筑师同行，为布总对建筑文化的贡献做了很好的诠释，我本人也有很多新的收获。在研究生时期，我有时到布总那儿学习，跟布总一块做些设计。这些年来因为都很忙，布总也没有在中房天天工作，感觉稍微远一点，反而有一种宏观的感觉。无论是从学习，还是从工作和研究上来说，布总的创作历程实际上非常有典型性，代表了中国当代建筑成长的历程。在改革开放以后，他不仅做设计，做了很多有特色的建筑作品，而且在中国建筑学界新的建筑教育兴起的时候，大声疾呼，到很多院校去演讲。此外，布总的建筑创作也代表中国建筑发展实践，尤其后现代主义进入中国的时候，布总很多设计思想非常活跃，很多语言用在当下，从建筑做到建筑的室内、到景观，甚至到雕塑，一系列的设计，现在叫跨界。另外，近年来布总投身建筑评论，不仅仅在《建筑评论》上写专题，而且坚持带头组织评选'最丑建筑'活动，已举办了八届了，十分不易。布总这本书实际上是建筑创作的方法论，这个方法论引导着建筑师如何向更深层次思考。无论中国建筑师，还是外国建筑师，只要是有立场，对创作抱有崇高的信念，就像布总这样，我觉得个人手法可能会有不一样，风格会有个人的理解，但是，不会出现奇奇怪怪的建筑。布总这本书的出版对于当今业界提升建筑美学的设计创作是很好的诠释。"

文 / 苗淼

新古文

韩江陵

登岳阳楼[1] （节选）

丙申猴年春，予平生初次赴洞庭。八百里[2]，波涌连天，一望无际。于是登岳阳楼，环顾四野，观苍茫天地万物于其周。感时记之以斯文。予观今之洞庭湖，连湘鄂于兹。拥巴陵，护岳阳，湘资沅澧，四水汇聚；北归长江，入于东海。岳阳楼东凭荆湘之衷，西望洞庭之广。经一千七百年，屡废屡兴[3]，知州重修[4]，宰辅作文[5]，紫檀留字[6]，名传千古。

予闻岳阳此楼，天下楼也；洞庭之水，天下水也；平民权贵，慕名咸集；古今咏叹，灿如霞蔚；诗词歌赋，浩若烟海。登斯楼也，则有万别千差，范氏文章，忧乐情怀，境界迥异者矣。

嗟夫！昔予少怀天下之心，幼存大同之志。梦也。大道在望，竟是蜃楼。已古稀年逾，力不从心；如洞庭之水，东归不远。是疑亦难，信亦难。然则有信之者乎？若告我，"共天下之忧而忧，同天下之乐而乐"[7]者，耶！虽难能，或可信也！

2016 年 4 月 19 日夜于武汉三江航天酒店之客舍

【1】2016 年 4 月 17 日上午，自京飞抵长沙。17 日下午，出机场，乘车至岳阳，住南湖宾馆。18 日赴洞庭，游君山，登岳阳楼。【2】洞庭湖面积，因种种缘故，历经沧桑变化。八百里之说，始于唐宋。若依此说，周长八百里，面积颇大："浩浩汤汤，横无际涯"。而今之洞庭，周长仅四百里，面积有两千六百余平方公里之数。【3】岳阳楼，始建于西晋南北朝时。当时岳阳称巴陵，该楼名巴陵城楼。中唐时，巴陵城改名岳阳城或岳州城，始称该楼为岳阳楼，沿用至今。史载，1700 年来，此楼历经兴废，先后修葺 30 余次。【4】知州，指滕子京。公元 1044 年（宋仁宗庆历四年），滕子京被贬为岳州（今

岳阳）知州。1045 年，主持重修岳阳楼。当时亦被贬为邓州（今河南邓州市）知州的范仲淹，受滕子京托，于 1046 年 9 月 15 日，写成《岳阳楼记》。【5】宰辅，指范仲淹。贬官前，官至参知政事。【6】现岳阳楼形制，为光绪六年（1880 年）大修之楼。楼内陈列的文物中，有清乾隆时人将《岳阳楼记》全文刻于小叶紫檀木板上的巨大书屏。【7】《岳阳楼记》："先天下之忧而忧，后天下之乐而乐。""先""后"之言，夸饰其词，自我标榜，吾亦不敢信。故云："共天下之忧而忧，同天下之乐而乐"者，虽难能，或可信也。

登长城赋
——龙凤山人

京城十月之秋，乘车北去，越居庸而前。偕友登八达岭之长城。群山苍莽，霜叶缤纷；高墙耸峙，蜿蜒崔巍。俯览环顾，惊畏殇悲。仰天叹曰："壮哉天地，美哉中华，我不犯人，犯我其谁欤？"友曰："敌人犯境，高墙可拒，国贼盗家，须知防不胜防。内忧安可定乎？"予请友细论。友曰："多言不必，史已鉴之，惜今人不悟而已。"

于是登城续行，匍匐于故阶古道。日照山楼，风吹白发，满目峦峰，天高影小。叹岁月之悠悠，而万物生生不息矣！予乃抚墙而息，顾左右，观上下，仰云动，望远空；忆百年之变幻，悲苍生之渺渺。觉仙风道骨附焉。乃放高声，引吭长鸣，山谷回音，萦回不绝。不禁悲从中来，黯然而悯，独孤不可名状也。于是折返，沿来时路，俯首下阶而归焉。时近黄昏，游客寥寥。忽有孤云，状如飞碟，旋转飘忽，霞光四射，停停走走，掠于上空而逝。

登车返程，归家就寝。梦见太白，偕普希金，翩然至我家，拱手而言曰："别来君无恙乎？"拭目视之，倏忽不见。"啊也咿呀，我知之矣！夕照仙云，翔而过我上者，乃二君乎？"醒而盥手，长揖拜之。晨出望空，恍惚良久。

【说明】

本篇新古文，与苏轼《后赤壁赋》之体例、句式、字数、标点相若。识者可校而读之。

附：后赤壁赋
（宋）苏轼

是岁十月之望，步自雪堂，将归于临皋。二客从予过黄泥之坂。霜露既降，木叶尽脱；人影在地，仰见明月。顾而乐之，行歌相答。已而叹曰："有客无酒，有酒无肴；月白风清，如此良夜何？"客曰："今者薄暮，举网得鱼，巨口细鳞，状如松江之鲈。顾安所得酒乎？"归而谋诸妇。妇曰："我有斗酒，藏之久矣，以待子不时之需。"

于是携酒与鱼，复游于赤壁之下。江流有声，断岸千尺，山高月小，水落石出。曾日月之几何，而江山不可复识矣！予乃摄衣而上，履巉岩，披蒙茸，踞虎豹，登虬龙；攀栖鹘之危巢，俯冯夷之幽宫。盖二客不能从焉。划然长啸，草木震动，山鸣谷应，风起水涌。予亦悄然而悲，肃然而恐，凛乎其不可留也。反而登舟，放乎中流，听其所止而休焉。时夜将半，四顾寂寥。适有孤鹤，横江东来，翅如车轮，玄裳缟衣，戛然长鸣，掠予舟而西也。

须臾客去，予亦就睡。梦一道士，羽衣蹁跹，过临皋之下，揖予而言曰："赤壁之游乐乎？"问其姓名，俯而不答。"呜呼噫嘻！我知之矣！畴昔之夜，飞鸣而过我者，非子也耶？"道士顾笑，予亦惊寤。开户视之，不见其处。

香山聚会记
——为清华大学建筑系建五班（1959—1965）同学毕业50周年聚会而作

都城胜地，海淀香山。游客云集，飞鸟翔来。拥苍莽而美四季，枕西北而望东南。林深路曲，古迹隐葱茏之中；泉鸣蛙唱，仙人居清幽之所。花风浴面，松涛洗耳。建五聚同窗之会，名馆尽地主之谊。阁老如棠之盛情[1]，全程赴会；院士国馨之风采[2]，满意来逢。退休有空，到老多闲；百士翩翩，一堂济济。卧虎潜龙，建筑师之雅集；粉墙菱窗，贝先生之斤运[3]。孔兄赞助[4]，出手大方；同学集资，欣来盛会。

京华四月，燕赵三春。百花盛而香气溢，烟柳开而绿色新。车流涌于园路，发白会于半山。入四季之中庭[5]，见久违之同学。彼此对望，喜形于色；互相问候，动情于中。五十余年，经世事之巨变；半纪光阴，历人生之多艰。走南北，奔东西，纸上描其图画，空间筑其楼宇。流离颠沛，各有难言之苦；悲欢分合，俱在樊篱之中。回首往事，百感交集，穷愁与欢乐同在，失望与梦想共生。人到老时，幸有闲散之日；鸟入林中，岂无自由之唱？

遥想当初，恰逢年少。水木秀而清华静，荷塘幽而月色明。学堂门墙，百年无语之阅；书馆桌灯，光照世纪之梦。六年寒，四季窗。求真知于未悔，惟同学其难忘。厚地高天，感星空之浩渺；闲情逸兴，觉世界之寥廓。沐长风于日下，乘紫气于云间。天无言而广覆，地有德而尽载。生而有命，曾是清华学子；老而无忌，谁唱少年弦歌？又聚首而再见，更期许以何年？呜呼，雄矣雄矣，时哉时哉[6]！文王不见[7]，子期难求[8]。叹怀才之不遇，非无伯乐；喜此生之自在，岂乏欢愉？所赖君子自强，安贫乐道。老当静独，无惧孤家寡人；穷而知足，耻生鄙念贪心。出泥沼而觉爽，处尘霾而知欢。蓬莱虽远，仙山可及；蜃楼在望，海市能观。太白狂放，竟然举杯邀月[9]；少陵潦倒，不禁悲天悯人[10]。

吾，七旬逸士，一介布衣。本是山人，后来号称龙凤；从小耕读，自幼名叫江陵。阅人事之翻覆，看世道之无常。听悦耳之天籁，观自然之风景。从善如流，闻过则喜；每晨对镜，但得心安。登高望远，仰太空之邈邈；临水弄舟，念天地之悠悠！

呜呼！吾辈老矣，渐入黄昏。同学青春，但留回忆。依依惜别，旧情叙于未晚；频频挥手，新聚盼于明天。人微言轻，章疏句草。七言故律，四韵记之。香山饭店坐香山，隐在松桦林泉间。班门学子三千士[11]，际会风云五十年。春光浴面照鹤发，桃李开花映仙颜。从此别过君去也，万里天涯共婵娟[12]。

2015/04/30

【1】指同学叶如棠。如棠兄曾任城乡建设环境保护部部长，故称阁老。【2】指同学马国馨。中国工程院院士，建筑设计大师。【3】贝先生，指美籍华人建筑师贝聿铭。香山饭店是他在中国的首例著名建筑设计作品。香山饭店的白粉墙和菱形方窗，是贝先生在这件作品中得意的设计符号和构图元素。斤运，大匠运斤之谓也。【4】指同学孔力行。他既是此次同学聚会经费的得力赞助者，又是三天集体活动的积极组织者之一。【5】香山饭店入口大堂的"四季中庭"，是该设计作品的精粹亮点。【6】语出《论语·乡党第十》："山梁雌雉，时哉！时哉！"翻译成现代语，意思是："山梁上的雌野鸡，正得其时呀！正得其时呀！"可参见拙著《龙凤山人文存》之《诗说论语》。【7】指姜尚（即周朝时的姜太公姜子牙）八十遇文王而见用之事。【8】子期，钟子期。事见"俞伯牙摔琴绝知音"的历史典故。【9】李白诗："举杯邀明月，对影成三人。"【10】杜甫（字少陵）诗："安得广厦千万间，大庇天下寒士俱欢颜。"【11】三千士，极言之数。当年清华大学建筑系建五班全班毕业同学90余人。毕业至今，50年来，建筑系历届毕业校友，总计约有三千。此次聚会，我班到会同学73人，连同部分同学家人，共计113人。班门，鲁班门下。此处代指建筑学人。【12】建五同学，散居海内外，可谓天涯万里，人各一方。

【说明】

《香山聚会记》与王勃《滕王阁序》的句式、每句字数、标点等相若。有兴趣者，可两相对照比较而识之。

致故乡书

我故乡今，五十余年不与归[1]！既出山路而游远，奚回首其崔巍！忆童时之闲散，知此生之将颓。见天道其朗朗，叹世事之艰危。发苍苍以稀寡，步颤颤而力微。问乡党以村事，沫晨露之湿衣。乃沿小径，走走停停。披荆觅路，上坡下陵。肥田荒芜，阡陌无人。雉兔奔飞，野草纵横。循旧阶以趋前，抚廊柱而望檐。倚柴门而追昔，听山泉之潺潺。竹沙沙以摇曳，屋歪歪而瓦悬。看户户之锈锁，时正午而绝烟。云悄悄以巡弋，鸟倦倦而盘旋。面远山以影只，对长天而形单。

我故乡今，胡为乎如是哉？父老乡亲难觅，山深人语不再。土静静以期垦，田寂寂而待栽[2]。学堂愿闻以书声，盼童稚之复来。鸡鸣犬吠，曾经热闹。喜炊烟之袅袅，乐咿呀而门开。鸭摇摇以回舍，牛哞哞而归宅。念生生之不息，感乡情之骋怀。

已矣乎！世事沧桑已如许，江河之水不回渠！吾衰矣来日已无多，旧梦如烟去，新梦不可期。踏崎岖以温故，愿长留而永栖。观风云其变幻，看万物之繁滋。聊弄文以自得，离兮别今意迟迟[3]！

【1】1959年离乡远游，至今已58年。【2】水田待栽秧也。【3】唐代孟郊《游子吟》："慈母手中线，游子身上衣。临行密密缝，意恐迟迟归。谁言寸草心，报得三春晖。"

【说明】

《致故乡书》与陶渊明《归去来辞》的句式、每句字数、标点等相若。有兴趣者，可两相对照，比较而识之。

北平之水道[①]

华南圭

（一）古今之渊源

北京之古名为蓟为燕为幽州，金逐辽驱宋而都焉，名曰中都，分为大兴与宛平两县。明初改称北平府，未久改为应天，旋又改为北京，清仍沿其旧，1928 年又改称北平。今为免读者误会时代起见，无分古今，以燕为标准名称。

大概今日南城之西南角，即金都之旧地，今日之鹅房营，殆即全城之西南角，其面积约等于今日全城之四分一。燕城处于浑河、白河之间，浑河即永定河，约在燕西十公里，白河在燕东二十公里，此古今未变之天然大水道也。

凉水河介于浑河、白河之间，在通州之南，流过张家湾而入于白河，凉水河之源不远亦不大，不过是城南之泽耳。

另有一河名沙河者，亦介于浑河、白河之间，而在通州之东吐入白河，其源不远，即是西山北山耳。平时无水，雨期之中乃有水（浑河即是永定河）。

沙河又有北沙河南沙河之二支，北沙河又名溪河。南北沙河汇合之处，有一大村，名曰

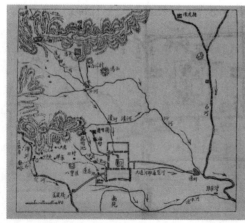

图1

沙河村，为北京至张家口之要道。沙河村之北有白浮村者，其北面之山水，亦于沙河村流入沙河。

金时之中都，离潞水二十五里。高良河及白莲塘之一部分，联成运河，而通于潞河。山东河北（直隶）两省，赖此运河以得联络，中间设有数闸。

金时之重要航道为白河及卫河，而卫河之吐水于白河，乃在天津之近地。

运河之一段，自燕至临清州为金时之原道。

由燕至通州，金时名曰大通河，亦名通惠河。

据金史所载，自燕至通州，水流太缓，泥土积滞，航行不便。当时有人建议，由运河左岸有一地名金口者，高于燕城一百四十尺，由此作渠，引水入于运河，则可使运河之流较急。此河自金口达于城濠，五十日而工竣。然其成绩不良，有时水流太急，有时水流太缓，而沙泥积滞。五年之后，上阳村近地之河岸溃决。又六年之后，有人以水灾为虑，建议堵塞金口，朝议是之。

据元史所载，金时之渠，起于麻峪而经过金口，其水灌田千顷。渠成距今662年，以西历计之，则为1266年。当时运送石木，皆惟此渠是赖。战时，金口为大石所堵塞。元时有人建议疏浚，但为预防水淹燕城起见，在金口之西南，另辟一渠。

元史又载，浑河之水，仅用以灌田。通惠河之水，则来自白浮，其渠之起点在西，折向南方而过双塔河及榆河，又与一亩泉及玉泉相交（今尚有一亩园在焉），再由西门入城，由东门出城，再经过高丽庄而流入白河。和义门外相距一里处有一闸；第二闸在和义门；第三闸在城内海子；第四闸在丽正门外；第五闸在文明门相距一里处；第六闸在第五闸之东南，相距一里；第七闸在第五闸之东，相距一里；由燕至通州则有四闸。

元之和义门，即今之西直门。元之崇仁门，即今之东直门。元之顺承门，即今之顺治门。元之丽正门，即今之正阳门。元之文明门，即今之崇文门。而元之肃清门、光熙门、健海门、安贞门，则今无存焉。阅图2及3，可资比较。

元史又言，渠自金口至高丽庄，长一百二十里，宽五十尺，深二十尺，水在高丽庄吐入于御河。

燕之西北十公里，有一湖，名曰昆明湖，即今日颐和园内之大湖，其水来自玉泉。此湖之水之一部分，流成一河，名曰清河，经过清河村而流入于沙河。

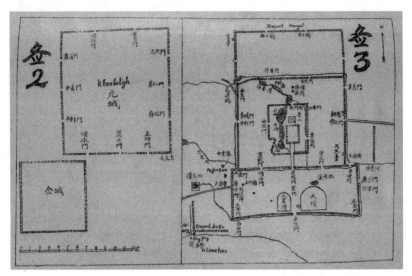

图 2、图 3

　　西南角有一小河，据明代出版之《春明梦余录》所载，此河明代称曰三里河，元代称曰文明河。其水吐于城濠，且与大运河贯通。其西北约五里有一小湖，名北海楼，湖上有七百余年前之古迹，名曰钓鱼台。钓鱼台系乾隆所辟，然而金时已有此湖，且已作为帝皇之游湖。

　　莲花池在彰仪门西南二公里有余，略成方形，周围约二公里，其水向东南流入于城濠。莲花池之水，在宋金时代流过金都。

　　汇观古今之渊源，可知燕城之水，古时有二路，其一来自北面，即自白浮至昆明湖，与玉泉之水汇合而流至城之西北角；其二来自西面，即自浑河之金口，经三里河而至城之西南角。

（二）今日之痕迹

　　古今水道相比较，自白浮至昆明湖之渠，今已灭迹。金口河之西段，古迹尚存，东段则不易识别。若夫昆明湖下游及望海楼莲花池各流，则存犹如昔，不过较为淤塞耳。自燕至通州，则水道依然在焉。

　　由平则门向西至石景山，约计二十公里，山高约一百四十公尺[②]。金之遗迹，尚有存者，而明之建筑则所留较多。

　　金口是壑，宽约半里，高于运河水面约四十或五十华尺[③]。

　　金口河为东西向，但非直线。今尚易认其痕迹，土堤尚存至老山村而止，而石堤在壑之西口。

兹将顺直水利委员会测量所得，及据乡人所口述者，分叙如下。

（甲）测量所得者

图4之中，公路之桥，俗称为洋灰桥；铁路之桥，麻峪村在其东南，磨石口又在其东南，石景山又在其南。

1928年，华洋义赈会造成之石芦水渠，以此为起点。参阅图5，即石景山之南跟，此渠之首段。据称循古渠之原道，古渠之南之村名如下：庞村、古城村、八角村、梁宫庵村、铁家坟、诸家庄。

古渠之北之村名如下：

北辛安、杨家庄、龚村、田村、定惠南村。

古渠之痕迹，不达诸家庄而已止。

图4

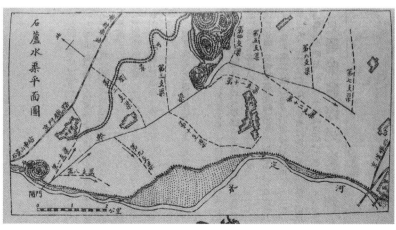

图5

古渠尽头之东，稍在其北，又有渠痕。在其南者为蔡公庄，在其北者为西钓鱼台、东钓鱼台，南北分而复合于望海楼，望海楼向南，经白云观之北而至城濠，名曰三里河。

水平线如下：

右安门 43 公尺；

白云观 46 公尺；

望海楼 52 公尺；

北辛安西边 80 公尺；

庞村 83 公尺；

麻峪 100 公尺；

三家店车站 106 公尺；

门头沟车站 109 公尺。

然则自三家店至右安门之高低相差 63 公尺。

论其路程，自三家店起，经过庞村北，循北辛安、杨家庄、诸家庄、望海楼、白云观、广渠门，乃至右安门，约二十九公里，则高与距之比为 63/29 000，即大约 2.17/1 000。

（乙）乡人所述者

由北辛安至诸家庄之西，名曰金口河。

由诸家庄之北至望海楼，名曰旱河。

由望海楼至白云观，名曰三里河。

金口河南面之村名如图 6 所示：

北岸之村名如图 7 所示：

村	距河一許里	相距三里許
碼　　　村	距河一許里	
古　城　村	，，　二　，，	三
八　角　村	，，　半　，，	，，　三　，，
老　山　村	，，　一　，，	，，　二　，，
良功庵村	近河	，，　三　，，
鐵家坟村	，，　里許	
甄家坟村	，，　，，　，，	，，　三　，，
諸　家　莊	，，　一　，，	，，　三　，，

图 6

山下村	在石景山下之河旁	相距三里許
北辛安	距河一里許	" 六 "
金頂山	" 八 "	" 五 "
楊家村	" 五 "	" 五 "
龔村	" 五 "	" 四 "
田村	" 三四 "	" 三 "
黃家坟村	" 二里 "	" 七 "
八里莊之定惠寺	" 二 "	

图7

以上北辛安之名，见于古书。杨家庄殆即古书中上杨村。

由今年追溯七五三年前，浑河曾泛滥。此后金口渠乃经过八宝山，渠身距田村约一里许，田村在香山至八大处之途中。

再下游则至钓鱼台之近地，而却不入钓鱼台，或者古时贯通而今则堵塞乎。

钓鱼台之后，古时水道已不可寻，以意度之，古河殆向东南而至莲花池（阅图1及图4）。

就俗称旱河及三里河言之，自定惠寺向东南至小村，名曰八宝村。向东至西钓鱼台村，该村在旱河之北，再向东至龙王庙，该庙距河仅数步。再向东至骆驼庄，亦称罗道庄。该庄距河三四华里，庄西有桥，由桥向东南则至东钓鱼台村，距河甚近。村旁有一园，名曰望河楼园。园前有桥，距数武又有一桥，名圆通观桥。所谓旱河，殆止于此，自罗道庄迤南乃至圆通观，成为南北两岔，其形似枣核。

自圆通观起，可名之曰三里河。由观前向东至天缘寺，距河约半华里，又向东至三里河村，其西南有清真寺，寺后有桥，名曰三里河桥。再南二华里有余有一窑，名曰盆窑，其旁有龙王庙。再南约一华里至土地庙五筒碑之间，河势折湾向东。再经过铁路而至白云观后面，乃至西便门角楼，与城濠会合。

由诸家庄起，旱河南面之各村如图8所示：

諸家莊		相距三里許
九家坟	距河一里許	" 三 "
黑遣莊	" 四 "	" 二 "
柳林館—蔡公莊—圓通觀	" 一 "	

图8

蔡公庄在柳林馆南，约一华里，庄之东为望海楼桥，庄之东南为圆通观桥。

观西二三华里为凤凰嘴村，观之西南三四华里为六王坟，观南三华里为五筒碑，观东有药王庙。庙东三华里为三里河桥。五筒碑西南为土地庙，再东五华里为白云观。

（三）城厢之水道

莲花池、望海楼，前已叙论，殆皆是低洼之地，名之曰泽可也。其水皆流于城壕，再由右安门向东，又经过广渠门，向北而合流于通惠河，如图9是也。莲花泽之水，流至鸭子桥，经过白石桥，此桥殆不甚古，而其水道则或是古道。金都之北墙，想即此在水道之旁。

燕城主要之水源为玉泉山之泉山，如图9所示。流至颐和园北墙，分二股，大股入颐和园，小股至青龙桥而溢入清河，再过孙河而入白河。大股是正流，小股是溢流。正流由园之南水门流入长河，分为二道，其小量向南，其大量向东至松林闸，入积水潭，绕道而入后海（即什刹海）。途中有农事试验场，即三贝子花园。流至城之西北隅，分为正副二支。副支向南入城濠，至西便门而与望海楼流来之水汇合。再向东经过宣武门、正阳门、崇文门，以抵东便门外之大通闸。正支向东至德胜门外之松林闸，又分二股，副股是敷余之水，向东过安定门，绕朝阳门而赴大通闸，正股由德胜门迤西之水门入城，达积水潭，再至响闸。

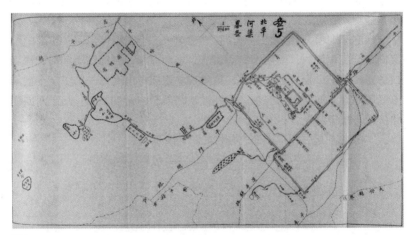

图9

响闸分水为正副二股，副股入后海，即什刹海，再回至地安桥，入御河，而往水关，以趋于大通闸。正股经西压桥以入北海之北墙，由此又分甲乙二股。甲股向西越北海而入中海南海；过织女桥，以入中山公园；顺西墙往南折东出园，以入金水河；过天安门前之石桥，以抵玉河桥（亦作御河桥）。乙股向南，经浴蛋河，再向南循景山西畔，再经鸳鸯桥，入筒子河，向南亦达中山公园。

（四）研究之结果

凡一都市，有水乃有生气，无水则如人之干瘪。燕城能否有生气，能否不成干瘪，实一问题。此问题不难解决，合泽、泉、河三物整理之而已。

泽即望海楼及莲花池，泉即玉泉，天然之顺流。七八百年来帝力之经营，惠于我人者良多，稍稍再加人力，即无遗憾。河则有永定河可资利用，自金历元至今，时兴时废，迄未有彻底之解决。然而金口河、旱河、三里河，虽已淤积，而古人实示我人以途径。若于三家店车站之近地，分取永定河之水流，循东岸以至庞村之北，再循金口河之古道，于诸家庄相近之处，辟一短路，以入于旱河之古道；再循三里河以达西便门，复展前三门之城濠，以成良渠；分段建设活闸，闸门启闭，便利航行，而干瘪之病亦赖以废除。此种小规模之工程，视世界之红海运道及巴拿马运道，实一粟与沧海之比耳，我人奈何不努力行之？至于工程上之技术问题，容另论之。

注释
①原载于《中华工程师学会会报》第十五卷，第七、八期（1928 年 7 月）。
② 1 公尺 =1 米。
③ 1 华尺 =0.33 米。

华南圭简介

华南圭（1875—1961），字通斋，江苏无锡人。1896 年中举，京师大学堂成立后，就学师范馆。1911 年 6 月毕业于法国工程专门学校。自归国后，历任中华工程师学会总干事、北平市工务局局长、中国营造学社社员等职。1949 年起，应北京市人民政府邀请，出任北京市都市计划委员会总工程师。

跬步"片段"　千里"鸿篇"
——读《建筑传播论——我的学思片段》有感

苗淼

在我们当下的建筑界，高大上的东西、唱高调的东西到处都有，但我们缺少的恰恰不是这些东西。我们缺乏的，是最能够发掘人们内心深处潜在表达的东西，太缺乏让人们能表达能感知的真实性平台。无论在杂志上刊登文章，还是编书，乃至写教材，建筑师总会端起一个架子，文字都要上升到一定高度才能拿得出手。但金磊主编与众不同之处在于他可以触动人内心中最柔软的那个部分，他可以准确定位到这样一个适合建筑师表达的平台上，让我们的行业中很多优秀的人借着这个平台，去还原最真实的自我。

上述这段"点评式"的文字，选取自全国工程勘察设计大师庄惟敏先生与金磊主编的一次对谈内容，这是庄大师在翻阅金主编的最新著作《建筑传播论——我的学思片段》后有感而发的，相信也代表了许许多多与金磊主编相识相知的建筑师们的心声。金主编常说自己做建筑传媒，是已故中国建筑工业出版社老编审杨永生先生引领下的"半路出家"，而最喜欢做的事情是"为他人做嫁衣"，搭建起与建筑师为友且普及建筑文化的"平台"，这与庄大师话语中提及的"平台"概念不谋而合。

自两年前，在马国馨院士的建议与启发下，金磊主编着手策划编写《建筑传播论——我的学思片段》一书，2017 年 5 月终于由天津大学出版社正式出版。图书出版后，中国建筑图书馆、《H+A 华建筑》、《建筑技术》编辑部、《城市建筑》杂志社、《云南建筑》杂志社、天津大学出版社等多家建筑设计文化媒体、出版机构公众号推出了该书推介专栏，引发了业内及社会读者的广泛关注。《建筑传播论——我的学思片段》全书共计 73 万字，堪称自 1999 年 6 月由北京市建筑设计研究院科技信息研

究所所长受命担任《建筑创作》主编
后至今，金主编一路不懈耕耘的"建
筑传播思想集成"之作。正如天津大
学出版社在评介该书时归纳道：这是
一本敢于甄辨学术、有文化视野并大
胆言说的书；这是一本体现学术良
知、扎根建筑沃土、笔走千秋的书；
这是一本以一己之力书写行业经验、
有思索、有真相的书。

《建筑传播论》书影

从《建筑传播论——我的学思片
段》书中，读者既可感受到作者与时
代共呼吸的不凡视野，更可体味到他
痛并快乐着的"文化苦行僧"般的执
着心境。该书力求表现这样的内容：
不仅要留住传统建筑这"石头的史书"
的记忆，更要传播当代设计的理念，从服务建筑师、完善传播学科出发，
力求使书中记录的 20 载传播实践与近 20 年中国建筑设计的发展相一致。
全书共分为五个章节：第一章是传播学演进的文化背景；第二章从策划
学入手，以多种传播方式梳理了思路；第三章重点是出版传播，给出了
20 余类图书做积淀的出版传播举要及案例；第四章在质疑观念下，系统
地解读了建筑评论的方法；第五章的关键词是诚实与激情，出于用时间
丈量价值和真相之目的，用"四刊"的 150 余篇主编的话或跋串起建筑
业界的历史。

金磊主编是一位无时无刻不在思考的人。他时常思考着城市、建筑、
文博的种种危机，他希望利用城市的丰富性和文化厚度，将着力点放在
城市与建筑境界的提升上，并以此为建筑传播人指明行动方向。多年来，
他策划了多次业内极具影响力的建筑文化品牌活动：以 2006 年"重走梁
思成古建之路四川行"为起点，创办田野新考察活动；以"文化城市"
为主旨，先后开展了多个城市、城镇的文化性专题调研并提出"智库"
类报告；成功举办两届"全球华人青年建筑师奖"的评选；开展过服务"世
界读书日"主题的三届融展览与奖励为一体的"中国建筑图书奖"活动；
围绕对 20 世纪事件建筑的认知，先后组织国内百余名跨界专家研究了《中
山纪念建筑》《抗战纪念建筑》《辛亥革命纪念建筑》等，并使"事件

建筑学"成为有理论价值的实践命题。

《建筑传播论——我的学思片段》一书同时传达了出金主编的"建筑评论观",这里不仅有中央反复强调的建筑师的责任与担当,更有大力倡导的建筑评论;不仅有"新八字建筑方针"的内涵,更有当代建筑师的历史人文精神:其一,对城市热点问题的适时性应用评论;其二,对国内外人士城市建筑重要著作的评论;其三,金主编策划编著图书的序或跋;其四,用自 2002 年至今《建筑创作》《中国建筑文化遗产》《建筑评论》《建筑摄影》的"主编的话"或"编后记",串起了这个审视时代的历程。金主编认为一本"学刊"的厚重感、思想性乃至关注社会的人文情怀都是主编者思维水平及办刊理念的反映,所以写好写实"主编的话"有如竖起了"学刊"的旗帜,至少它从一个侧面为中国建筑史捡拾了一段段"足迹"。

对于该书的出版,建筑界、文博界的院士大师、知名建筑师等也纷纷给出了自己的评介。

单霁翔(中国文物学会会长、故宫博物院院长):正是以文会友、以书载道的交往与情谊,我认识并理解着金磊其人,他的确是一个有理想、有志向、有学品、有人品、有个性、有追求的建筑专业传播者与思考者,是有韧劲与宏愿的,是难得的事业上的同道与挚友。

马国馨(中国工程院院士、北京市建筑设计研究院总建筑师):金磊先生改行从事与建筑传播事业相关的工作近 20 年,最近完成了《建筑传播论——我的学思片段》一书,我认为这是具有学术和文献价值的成果。金磊先生除主编每期"主编的话""编后语"外,在众多的其他报刊上也经常可以看到他的大块文章,从中看到了他的涉猎、观察和思考。

张锦秋(中国工程院院士、中建西北建筑设计研究院总建筑师):在与金磊主编十多年的交往中,我之所以认可他,不仅仅是因为他及其《建筑创作》《中国建筑文化遗产》团队工作敬业,还在于他们是很有学习力及思考力的媒体,其策划不仅有新意,还有深度,其媒体成果,无论是书刊还是活动都影响着建筑界。

孟建民(中国工程院院士、深圳市建筑设计研究总院总建筑师):这是一本基于实践、有理念、有技艺的建筑传媒职业著作,从中可读到作者热爱建筑传播的"心",感知作者求索建筑传播发展的"脑"。国内专论建筑媒体的书不多,该书清晰沉着,有精髓,有要害,更有新鲜感。

周恺（全国工程勘察设计大师、天津华汇工程建筑设计有限公司总建筑师）：金主编是受到业界尊敬的朋友般的"传媒人"和"评论家"，这不是靠"闹腾"得来的，而是他二十多年为建筑设计行业真诚服务换来的荣誉。

　　赵元超（全国工程勘察设计大师、中建西北建筑设计研究院总建筑师）：《建筑传播学——我的学思片段》虽看似是一个建筑文化工作者的个人工作记录，但它同时是建筑文化和先进理念的普及课，更是中国建筑发展最重要时期的国家档案。

　　……

　　纵览全书，不难发现，正是金主编扎扎实实写就的跬步"片段"，最终汇集成了这部中国建筑传媒领域关照生命与发展的千里"鸿篇"。相信金主编将继续怀揣文化自觉的肺腑情怀，与志同道合的同人们一起为中国传播建筑文化的传承、为当代中国建筑设计理念的传播奋斗不止。正如他在《建筑传播论——我的学思片段》自序中所写："我不惧历史骇浪的洗刷，我会有新的省思和果敢的行动……作为一介执着的建筑学人，我还要奉献社会，绝不要条条框框的藩篱割裂文本，而要文本丰饶窨藏的文化大展！"

《中国建筑文化遗产》《建筑评论》主编助理

从建筑人看建筑史

顾孟潮

一、帝王与建筑：张钦楠的《中国古代建筑师》

《中国古代建筑师》是张钦楠先生"学习中国通史和文化史，寻找中国古代建筑师过程"的硕果。

作者从阅读和寻找中，看到了民间匠师、文人、官方大将乃至汉族和周边民族之间在建筑观念和操作技术上的相互影响。著此书的目的在于"衷心希望，我们的史学家们，能够在'人''事''物'（城市、建筑、园林工艺品等）并举之下，给那些'物'的创造者以应有的地位。"

该书在建筑文化史研究上确实是颇具开拓性的重要著作。不仅继承了司马迁《史记》以来"人"和"事"并举，以"人"为主的史学优秀传统，而且创造性地提出"人、事、物三并举"的史学研究路径，十分有启迪和示范的意义。我读之颇有"相见恨晚"之慨。

此书比李邕光先生强调"从建筑人看建筑史"显然有更加深入和细致之处，虽然我是先读了后者的著作，仍然觉得应把此书列为"之一"。

作者指出，被称作"时代的镜子""文化缩影"的建筑好像是沉默无言的。但是，我们可以通过建筑这面镜子和他的建造者（甚至是几百年几千年前的人或人们）进行文化交流。所以说，建筑在谱写历史，或者说，建筑师在有意无意地谱写历史。

《中国古代建筑师》书影

他分析，建筑师的厄运，主要源于两方面原因。一是中国古代社会对科学技术的蔑视；学术界重视人文，轻视自然科学和技术科学；重视综合论道，轻视具体分析……二是建筑的功劳总是归功于帝王和物主。于是，与有名望的诗人、画家相比，建筑师既无名望又无地位，只能沦为"无名氏"。其实，在文化发展中的历史作用上，建筑师是创造历史的重要力量。

为了让读者增加对建筑师在文化发展中的历史作用的了解，作者从他找到的 200 名古代建筑师的行列中选择了具有代表性的人物分别成章介绍，见人、见事、见物、见思想。作者还以"知识链接"的方式，进行中外比较，介绍同一时期（或同一题材）的国外代表性的建筑与建筑师，试图提供一个更为广泛的历史场景，增加了该书的可读性、可视性和中外建筑的思想性，在促人深思后加强了读者对作者的认同感。

限于篇幅和主题，本文仅摘取几个促人深思的帝王与建筑实例。

（一）周公姬旦与弥牟

张先生称周公姬旦与弥牟为"中国第一对都城规划师与建造师搭档"（书 18~22 页）。周公的重要贡献之一便是主持洛邑营造等。周公在营造洛邑时任用了一位名为弥牟的建筑师（工程师），他的任务是"计丈数，揣高卑，度厚薄，仞沟洫，物土方，量事期，计徒庸，虑材用，书糇粮……"，并编写手册"以令役于诸侯"。这些都是营建一座城市及其建筑不可缺少的工作，但是都属于技术性的工作，按当今的实践标准，弥牟属于建造师一类。至于"新的帝都的全部基本设计，最终负有责任的权威是周公"。

周公营造洛邑（在今日洛阳附近）是有远大的战略目标的。他将新都置于洛水以北，全国的中心地带，"此天下之中，四方入贡道里均"，有利于实施中央政权的权力。

比起埃及用石头建造金字塔的伊姆霍特普，周公晚生了 1 600 年，他在中国建筑史上的地位可以相当于前者。两者都是首相级人物，他们营造的城市和建筑都成为后世仿造的楷模。

（二）嬴政、蒙恬

作者认为，嬴政、蒙恬是中央集权国家建筑文化的开创者（书 36~45 页）。

他说，把秦始皇嬴政（前 259—前 210）列在建筑师队伍中，似乎比较牵强，但是也不完全没有道理。秦始皇统一全国后，进行了几项大型工程建设，其规模之大，构思之宏伟，恐怕不是一般工匠或官吏所能胜任的。当时秦王朝有组织严密的中央和地方政府机构，其中负责土木建筑的部门称为"将作少府"（翦伯赞，《秦汉史》，北京大学出版社，1983），其官员负责工程的具体实施，统率管理"百工"队伍，每次大型工程都要征集几十万人服役，其中有不少俘虏，内中还有来自六国的工匠。没有强大的政权网络，动用庞大人力资源，像长城这样浩大的工程是不可能实施的。然而这些工程的策划及其基本方案的设计，却只能出自最高领导——皇帝本人。所以把秦始皇作为他所策划的工程的总设计师，恐不为过。他策划建造的项目有：

　　1. 命大将蒙恬以 30 万以上民工用 10 年时间修筑的万里长城；

　　2. 从首都通向全国各地的驰道（相当于今日的高速公路）；

　　3. 亲自策划的宫殿群体的建造，后因工程过大没能完成。

（三）朱棣、蒯祥、吴中、阮安——明都城和宫殿的建造师（书 213~223 页）

　　朱棣（1360—1424），明太祖朱元璋的第四子。公元 1406 年开始营建北京宫殿，公元 1420 年建成后翌年迁都。

　　蒯祥（1397—1481），字廷瑞，吴县香山渔帆村人。祖父蒯思明、父亲蒯福都是有名的木匠（伊佩霞，《剑桥插图中国史》，赵世瑜等译，山东画报出版社，2001）。公元 1417 年蒯祥与父亲应召同往北京，不久蒯福担任"营缮所丞"（崔晋余，《苏州香山帮建筑》，中国建筑工业出版社，2004）。

　　吴中，字思正，山东武城人。任右都御史，1407 年改任工部尚书。

　　阮安，又名阿留，交趾人，永乐间太监。

　　张先生认为，朱棣（皇帝）是明北京城的总策划和决策者；吴中（工部大臣）是营造工程的行政主管，阮安是具体的构思者，而蒯祥则是皇家建筑师中出类拔萃者，既设计又营建。阮安的设计包括北京的九个城门、城池、宫殿、官府和河道疏通。蒯祥除宫殿官府外，还负责皇陵，他们二人的工作范围有交叉。

二、校园与育人：金磊的《建筑师的大学》

　　2017 年问世的《建筑师的大学》是继《建筑师的童年》（2014）、

《建筑师的自白》（2016）之后的"建筑师三部曲"的第三部。

《建筑师的大学》书影

历来，治史有三种路径："以史带论""以论带史"和"从人看史"。"建筑师三部曲"的做法属于第三种方式。这种方式长期以来多被中外建筑史学界同人所忽视，特别是为治建筑史学者忽视。

正如 2013 年出版的巨著《世界建筑历史人物名录——从建筑人看建筑史》编著者李邕光先生（1924—）所指出的："一般书文，专业的或非专业的，多以只描述建筑物，而不提建造者，见物不见人。"

笔者认同李老的高见。李老的著作可是一部在世界建筑史书出版史上划时代的巨著，一部奇书、神书。"见物不见人"是中外建筑史的顽疾，专业人员自我感觉过于良好，似乎只有他们才是建筑史的主角。该书的作者精神了不起，出版社的支持了不起，该书对端正史学作风起到推动作用。建议该出版社就此书开新闻发布会和学术座谈会。

今年《建筑师的大学》出版正是重视"从人看史"的好兆头。正如，中国建筑学会理事长修龙先生在该书的序言所说的："建筑师成长三部曲，鲜活生动地复原了中国建筑学的近代史，读者可以重新回顾那段经历，重新认识那个年代，重新梳理那份人生感悟，非常有意义。"

该书和序言再一次证明，研究口述历史的重要性。人，才是真实历史的本体，不知其重要性与物比要高出多少倍？只重视后者而忽视前者，是舍本逐末的行为。此"建筑师的三部曲"，则使治史走上"从人看史"，抢救"口述史"的大道。由此想到，前此杨永生先生曾千方百计地抢救了张镈建筑大师创作道路的"口述史"，开了一个好头。金磊主编，接过了这个历史接力棒，可喜、可贺、可赞！

这里，再引李老的治史卓见。他说："过去，人物方面，一般多着重于担任设计的建筑师，其实古来并无建筑师一职，在西方多由石匠、雕塑师、画家兼之。在东方由于以木构为主，所以以画家、木匠甚至掌管工程的官吏为设计主力，但是，仅从设计层面着眼，未免片面。……"因此，李老在自己的巨著中，补充了许多"建筑人"，他们之中，既有帝王，也有农奴；既有僧侣教士，也有艺师匠人；尤其可敬佩的是，还有侏儒或残疾者。

他用 101 万字、848 页的大手笔为"建筑人"补天的壮举，实堪赞扬和借鉴。

建筑师虽然只属于"建筑人"的一小部分，但他们确实属于"龙头角色"，由此开始，从建筑师看建筑，当然是明智之举！况且《建筑师的大学》一书中的文章作者，多有扩大大学的远见和高见，如，主张"大学无界，达人达己"的李纯女士（1964—），认为"校园与社会都是大学"的朱颖先生（1976—），写"大学感悟"的刘建先生（1971—），文尾还做了这样的历史沉思：

How many designs must a man create before calling him an architect？

The answer, my friend, is blowing in the wind.

我试想，如果李邕光先生能听到做这样历史沉思的人竟然是"70 后"的"建筑人"，他大概会引为知音吧？

三、建筑人还是建筑师：李邕光的《世界建筑历史人物名录——从建筑人看建筑史》

李邕光先生该书的副标题为"从建筑人看建筑史"（中国建筑工业出版社，2013）。强调从"建筑人"而不是从"建筑师"看建筑史，这一提示，非常重要。

《世界建筑历史人物名录——从建筑人看建筑史》书影

此书按此思路收入 1 900 年前诞生的欧美建筑人 795 人，中国建筑人 295 人，日本建筑人 53 人，合计 1 143 人。

按照编著者的思路，所谓建筑人中"既有帝王，也有农奴；既有僧侣教士，也有艺师匠人"。笔者按照艺师匠人、帝王官员、僧侣教士、文化人（含画家、雕塑师等）四类"建筑人"分法，分析了历史上中国 263 位建筑人的文化结构，发现他们的文化结构基本上是三分天下，即官员占 1/3、建筑专业人员（匠人）占 1/3、文化人（含僧侣）占 1/3。

就建筑业和建筑科学在社会和学科上的

地位和作用来说，其排序为：帝王官员排首位，商业第二位，文化第三。这是定性分析，比起定量分析更为重要。简而言之，官员虽少于建筑专业人员，但他有决策权；商人是投资者，有很大的决定权；文化人有智慧、有理论、有媒体影响力，比专业人员多得多。因此专业人员不得不甘拜下风。建筑史上这四类人员的分工是很明确的，建筑专业人员主要是操作性实干的角色，前三类人则在决策、指导、定方向上起作用。

表1 四类"建筑人"构成数量百分比

艺师匠人	官员	僧侣教士	文化人（画家、雕塑师等）
68人（25.8%）	85（32.3%）	49（18%）	61（22.9%）

从表1四类"建筑人"构成数量百分比看，所体现的建筑本质特征也十分明显。其政治性、社会性、经济性、文化性、宗教信仰习俗性、地域性等所占的比重都远远超出建筑的科学技术性，所谓的建筑艺术性比起前者来所占的比重十分有限，只能排老四，任何越位的思路和做法都很难实现。

以往的中外建筑史过于凸显建筑专业人员的作用，特别是某某建筑师个人的作用，显然是不符合建筑历史实际情况。李邕光先生此书强调"从人看史"的视角与实践，其难能可贵之处也在于此。"从人看史"的研究思路将会使我们不仅见人、见物、见思想，更见到了历史社会背景与政治、经济、人群等因素对建筑行业和建筑学界的深刻影响，能促进建筑史的撰写与评价更符合历史的真实情况。

有了这种"以人为纲"的思路，才能真正进入科学的建筑史学境界。这将会大大地提高我们对建筑人以及其思想、理论、学术成就的推动作用的认知。我们应加深这些方面的认识和研究，而不再只停留在建筑艺术形式、风格或事件等表层论述上。

城市建筑评论要有时代使命与社会责任

《建筑评论》编辑部

直面当下中国城市与建筑的发展现状，是评论家和建筑师义不容辞的使命。一个时代有一个时代的建筑，一个时代有一个时代的精神，把握时代脉搏，聆听时代声音，勇于回答城市问题，让建筑评论不缺失，担当十分重要。评论的实践说明，建筑不仅要与历史与事件会晤，更要紧跟时代与社会的需求，这样才能让思想的光芒照得更远。

一、建筑与城市重要事件令人省思

1928 年，20 世纪著名思想大家梁漱溟（1893—1988）在广州中山大学做了"思考问题的八层境界"之演讲。这个层次论依次是：形成主见、发现不能解释的事情、融会贯通、心虚思密、以简驭繁、运用自如、居高临下、思精通透。这些观点不仅有助于做学问，更有助于启迪评论的思考之境。无论是从宏图到现实、从变革潮声到倾注人文关怀，思考、理性、审视都是建筑评论必需的要素。

1. 兼蓄中西的建筑大师贝聿铭百岁之思。2017 年 4 月 26 日享誉全球的美籍华裔建筑大师贝聿铭迎来百岁生辰。在 70 多年的职业生涯中，他创造了无数经典作品，如美国肯尼迪图书馆、法国巴黎卢浮宫玻璃金字塔、中国苏州博物馆新馆等。3 月 31 日，由凤凰卫视和凤凰网发起，联合海内外数十家知名华文媒体举办的"世界因你而美·影响世界华人盛典"活动在清华大学新清华讲堂举行。他获奖的核心思想是"一个时代的建筑，改变了世界"，其获奖理由是：几十年来始终秉持着现代建筑的传统，建新建筑不是流行风尚，不可能时刻变花招取宠，建筑是千秋大业，要对社会历史负责。贝聿铭作为全球建筑学界的标杆性人物，给业界留下以下四点思考。（1）他有永远的中国印记。这里有重回故土儿时记忆的苏州博物馆、北京香山饭店。（2）他有坚定的意志助力事业巅峰。卢浮宫是法国人引以为荣的建筑，完全不能接受一个美籍华人的设计，但贝聿铭坚持下来了。建成后的金字塔以其鲜明的时代特征，与传统的辉煌截然分开，古老建筑的三个侧翼也终于通过金字塔的内庭重新连成一体，这一杰作日益成为法国的骄傲。（3）他是思想活跃的建筑师。正如他儿子贝礼中所说，贝聿铭的能量来自他的好奇心，所以做任何事情，他都会有更好的解决办法。（4）他仿佛没有收山之作。贝聿铭说伊斯兰艺术博物馆是他最后一个大型文化建筑设计了。在贝聿铭心中，所有严肃的建筑，都应该在过分感伤地怀旧和患了历史健忘症之间找到恰当的折中。于是在伊斯兰艺术博物馆设计中，人们看到简洁而抽象的表面造型，既是对正统现代主义也是对传统的伊斯兰建筑的回应。

　　2. 城市要有记忆与纪念之想。著名作家冯骥才很早便强调，在当今中国城市地毯式改造中，一个词语愈来愈执着地冒出来，即"记忆"。现实的确如此，对待一个个城市的生命记忆，对待一代代先人的经历与创造，必须慎重、严格、精心。记忆不是随心所欲，记忆有它的完整性与真实性，记忆必须从城市的历史命运与人文传衍的层面上去筛选。5 月 11 日，故宫博物院院长单霁翔在天津市建筑设计院做了"故宫博物院的表情"讲座，这已是他近千场演讲中，第二次在全国大型建筑设计单位举行。这几年故宫博物院从古建修缮到推陈出新的展览，再到吸引世界眼球的"文创"产品，已使故宫博物院稳稳成为令世界瞩目的国际"大馆"，单霁翔院长以"表情"来描述故宫的现状非常生动且感染人，解读出人们如何才能喜欢博物馆。"表情"是人们内心世界情感、情绪的直观呈现，不同的心理状态会有不同的表情出现。形容"表情"的成语很多，用到有尊严、可敬畏的文化遗产上可有：泰然自若、心平气和、平心静气、毕恭毕敬等。事实上，单霁翔对故宫博物院"表情"的解读，体现了他久久为功的耐力与敬畏之情。他讲到大胆改变以往修缮古建筑的同时将文物封存入库的做法，设计了"养心殿"主题系列展览，第一站在首都博物馆，第二站于 2017 年 6 月前往香港，第三站在南京博物院，实现了让养心殿文物"活起来"的想法。5 月 9 日"紫禁城与海上丝绸之路"展在午门西雁翅楼开展，它向世界表明，故宫博物院是"一带一路"建设中的重要文化元素。无论是故宫古建筑的表情，还是丰富展陈的表情都说明文化遗产的历史之美。在城市记忆中人们最不该忘记的是数十载如一日将毕生精力、智慧献给古城保护与建筑事业的梁思成先生（1901—1972）。2017 年 5 月

17 日第八届梁思成建筑奖颁奖典礼在清华大学举行，中国建筑设计大师周恺、马来西亚建筑师杨经文获此殊荣。对梁思成学术贡献评价，两院院士吴良镛强调：梁思成毕生为近代中国建筑学术发展建立了不可磨灭的功勋；梁思成多方位的宏大成就在于扎实的基本功和广博的学术视野；梁思成的铮铮铁骨，以一种历史使命感捍卫民族自尊，给我们留下思考；梁思成让我们知道向学术巨人学习之重要。与曾经的梁思成建筑奖不同的是，自第八届开始它成为有国际意义的世界性建筑奖，这不仅对业界、对社会也有意义，也将极大地促进"既有国际视野又有民族自信的中国建筑师队伍的建设"。由此我们想到梁思成 1932 年在给东北大学建筑系第一班毕业生信中的话："非得社会对建筑和建筑师有了认识，建筑不会达到最高的发达……如社会破除（对建筑的）误解，然后才能有真正的建设，然后才能发挥你们的创造力。"这些或许才是梁思成建筑奖应深入传达的理念与思考。

二、建筑批评重在实践并要营造评论生态氛围

在中国建筑批评的理论与实践上，中国科学院院士郑时龄是重要的贡献者之一。早在 1992 年他就在全国率先开设"建筑评论"课程，奠定了建筑批评学的学科基础，且该课程成为国家级精品课程。郑时龄院士在第二版《建筑批评学》中专论了"建筑批评的媒介"一节，从建筑奖项、设计竞赛、建筑学刊诸方面全面阐述建筑媒介的作用。在建筑的应用批评中，他又从建筑的艺术批评、建筑的操作性批评、建筑的制度性和规范性批评等方面给出了方向性的决断。那么，建筑评论该关注什么迫切命题，建筑评论要营造什么样的批评生态环境，都成为业界内外开展评论实践的重要方面。

（一）城市建筑设计评论要有问题意识

建筑评论的优劣，归根结底是设计作品的观点的较量，是撰述者思想能力与对专业把握的较量。评论家无高低之分，重在看评论的思想境界及问题发现意识，有否预见及研判能力至关重要。不论怎样分析，建筑批评的功效都可概括为"繁荣创作、服务公众、提升品质、引领风向"。与优秀文艺作品意在滋润人们心灵、匡正社会风气不同的是，建筑作品需要在"新八字建筑方针"下创作"适用、经济、绿色、美观"的公共与民用空间。古人云，"仓廪实而知礼节"，即强调经济发展水平不但

影响社会道德水准，还关系城市社会审美风尚。所以当下城市与建筑问题迭出，说明它与社会、经济、人文关系密切，已溢出建筑师"学术"或"艺术"的范围，必须进入评论家的分析研究视野之中。在程泰宁院士主持的中国工程院咨询研究项目"当代中国建筑设计现状与发展"之所以有价值，在迄今五年内一直在国内建筑界享有声望及影响力，重在"报告"归纳了问题集，强调了问题意识，研判了综合解决对策，在分析的五大问题框架中尤其强调"权利决策代替法治与科学"的"八个乱象"。"报告"给出导致设计中公权力滥用的六个危害，即强令献礼项目掩盖了大量工程质量问题；急功近利的实用主义学风抵消了建筑师团队的研究前瞻性；剥夺了中国建筑师走向国际化的历史机遇；影响了建筑师在建设法规执行中的可信性；使公众参与城市与建筑决策浮于表面；公权力决策的准则加重了相关程序的形式主义等。事实上，在提出的建筑创作问题中，更严重的还在于评论错位视角下的价值主体的缺位。早在2003年资深建筑大师陈世民就呼吁政府要给建筑师"话语权"，而现实是，在国内十余本有影响的城市与建筑专业杂志上，只有对名建筑师新作品的颂扬解读文章，鲜见一针见血、立场端正的穿透力之作。在大众媒体上有建筑专论的也多为缺少专业及科学精神的新闻报道，虽文采飞扬但难以真正向业界内外解读出建筑文化的真知灼见。所以，建筑评论的任务无论从内容、方法、形式上都面临艰巨的探索和实践。

（二）建筑批评需要培养知名媒体与评论家

建筑学术的发展和知识创新离不开严肃认真的学术批评。批评不仅是为了交流，更是为了城市设计与建筑创作的品质提升。真正的建筑师是欢迎学术批评的，所以要为学术批评营造一个开放性公共空间。然而，必须正视当下的不少建筑评论（作品与著作），有"圈子化"现象：关系好且观点一致者互相唱和、相互吹捧；面对观点不一者就挞伐有加；更有"权威"学者纷纷蜕化为"学阀""学霸"，让中青年建筑学子"俯首听命"，不能产生合理和大胆的质疑。如此这般从各方面都封锁了建筑批评的学术空间。无论从知名媒体的自发涌现，还是建筑评论家的产生，建构建筑批评的大众传媒空间都是好方法。其本质需求是，要使建筑评论从理论框架中走出来，最大可能地在业界内外以各种方式推动"建筑批评的实践论"。从建筑评论发展方向上建议做到以下方面。

1. 建筑批评可以借助公众传媒的力量提升自身批评的公开性与开放

性。事实证明，建筑文化的"小众化"现实，是全面的"专家化"的狭隘观念所致。此外，建筑领域的青年学子，是否认真诚恳地介入学术批评，对建筑评论的良性发展至关重要。在学界，建筑师自身投入批评是要承担"面子"风险的，而公众传媒的介入由于公开性，会有效杜绝这类问题，发展前景很大。

2. 建筑批评需要专业传媒与大众媒体的联手。联手的建筑评论有助于加强学者的自律，使评论主体形成负责任和值得信赖的知识共同体。要客观地看到，无论中外建筑界，大部分建筑师与评论家都能秉持学术良知，洁身自好，但在大众媒体的聚光灯下，不乏吸引业界的报道与评述。所以，不可忽视专业化与公众化相结合会产生意想不到的优质的学术学理批评。

3. 建筑批评的媒体定位是媒体的"灵魂"。建筑批评再专业化，也是有理论基础的实践篇章，它离不开"采、写、编、评"等重要组成部分。任何围绕一个突发事件、建设项目、焦点话题与事件的评论，都会激起业界内外的共鸣。所以，在策划中注入新鲜元素可营造评论的理性之美，以面向业界内外的开放态度策划主题可大大提升评论的附加效应等。

4. 建筑批评离不开有卓越见地的评论家。在公众媒体中有以"脱口秀"展示话语权的；有以书卷气与现代气息相结合的；也有阅历丰富且绵里藏针的等。对于建筑文化传播与评论，我们需要的评论家是：为创建中国建筑学术话语体系鼓与呼的学者；将文章写在中国城市与建筑大地上的学者；有文化的内外兼修本领与功底的学者；可以在建筑的"现场"回应城市重大关切的学者；有大道之行思辨力的可交流、可交融、可交锋的学者等。可见，无论对媒体还是评论家个人，视野、判断、活力、博学、技巧乃至品格与胸襟都是极其重要的素养。

执笔 / 金磊

从饭店到博物馆
——中国建筑现代化的三十年跨越

王大鹏

（一）

中国的改革开放其实是在走着两条路——对内改革以求自新，对外开放寻求机遇，最终达到全面现代化。这统称为有特色的社会主义道路，在此进程中，中国建筑也不例外。近三十年来，国内的建筑师通过高强度的实践探索，有力地推动了整个社会的城市化，而国外建筑师在中国的工程项目则最直接地影响了中国建筑实践和理论的走向。国内外的建筑师在此进程中有着直接或者间接的交流、交锋与碰撞，相对来说国内的建筑师更多的是在不断学习、借鉴、转化和吸收。然而文化背景与时空的差异、实践手段的不同以及当下中国社会转型中的特殊性直接导致了彼此理解的错位，从而引发了大量的误读与误会，这让国内建筑师的实践道路更加困境重重。

1979 年，美籍华裔建筑大师贝聿铭先生受邀在北京设计了香山饭店。1982 年，程泰宁先生通过与国外建筑师竞标拿下了杭州黄龙饭店的设计权。近三十年后贝先生又受邀完成了他所谓的"封刀之作"——苏州博物馆，与此同时程泰宁先生通过竞标设计完成了他近期的力作——浙江美术馆。两个饭店与两个展览建筑完成时间前后相差近三十年，贝先生以其特殊的身份试图为"具有中国传统建筑特征的现代建筑"指明道路，而程先生则本着"立足此时、立足此地、立足自己"的一贯精神不断地在为中国建筑的现代化进行探索、实践。他们到底是殊途同归还是异曲同工？或者大相径庭？我们对待事物已经习惯了蜻蜓点水、浮光掠影式的对比与评价，表面的像与不像成了关注的焦点，我们透过这些表象是否能看到事物的本质？又是否能走出这重重困境？

（二）

1978 年，贝聿铭先生受邀访华，北京政府希望他在故宫附近设计一幢"现代化建筑样板"的高层旅馆，作为中国改革开放和追求现代化的标志。如此匪夷所思的想法，在当时却反映出整个中国社会对西方文明所代表的现代化的急切向往。贝聿铭回绝了这个建议，他希望做一个既不是照搬美国的现代摩天楼风格，也不是完全模仿中国古代建筑形式的新建筑。最后，他选择了在北京郊外的香山设计一个低层的旅游宾馆。

香山饭店的方案是一个只有三、四层的分散布局的庭院式建筑，它的建筑形式采用了一些中国江南民居的细部，加上现代风格的形体和内部空间，呈现出既传统又现代的意象。在建造过程中，香山饭店已经受到中国建筑师和媒体的高度关注，贝聿铭也在一些场合对他的设计构思做了阐述和解释。1980 年贝聿铭在接受美国记者的采访时这样说："我体会到中国建筑已处于死胡同，无方向可寻。中国建筑师会同意这点，他们不能走回头路。庙宇殿堂式的建筑不仅经济上难以办到，思想意识也接受不了。他们走过苏联的道路，他们不喜欢这样的建筑。现在他们在尝试走西方的道路，我想恐怕他们也会接受不了……中国建筑师正在进退两难，他们不知道走哪条路。"（ B·戴蒙丝丹，《现代的美国建筑》连载（三）：访贝聿铭(I.M.PEI). 建筑学报，1985（6）：62 ~ 67 ）他表示愿意利用设计香山饭店的机会帮助中国建筑师寻找一条新路。

而中国方面对香山饭店的解读则明显地发生了错位。对中国建筑师来说，对贝聿铭当时所处的社会和文化环境很难感同身受：美国建筑界正处在现代主义和后现代主义的热烈讨论之中，贝聿铭正是在这样的一个背景下接手香山饭店的设计的。贝聿铭的传记作者迈克尔·坎内尔在谈及香山饭店时认为，"中国方面对香山饭店的反应不冷不热，这是由于理解上的差别太大，他们无法欣赏贝聿铭代表他们所取得的艺术成就。"（【美】迈克尔·坎内尔，《贝聿铭传：现代主义大师》，北京：中国文学出版社，1997：32）他的观察有一定道理，但并不完全准确。事实上，中国建筑师对香山饭店在艺术上的成就给予了充分的肯定和客观的评价。当时的政府、大众和建筑师所不能或者说不愿理解和接受的是贝聿铭在香山饭店之后的文化意图——对西方现代主义建筑和现代化模式的反思和批判。坎内尔无法体会到当时的中国社会和贝聿铭所处的西方语境之间，在关于现代化的认识上所存在的巨大落差。实际上在当时中国社会和建筑师都没有准备好接受一个既不是现代风格又非传统形式的建筑，或如贝聿铭所说的"一种并非照搬西方的现代化模式"。

1982年，作为浙江第一家完全由外方投资管理的酒店，黄龙饭店开始设计。起先的方案是由设计过北京长城饭店（1983年开业）的美国贝克特国际公司负责完成的。他们对中国传统歇山屋顶与西方现代高层建筑元素的拼贴使得该方案不伦不类，其实这正是当时西方典型的后现代主义手法（长城饭店裙房的女儿墙上用"锯齿"隐喻"长城"的手法也是如出一辙），而不是被我们误读的"西方建筑师不了解中国文化所致"。当然不了解也是一个原因，但不是真正原因，文化背景差异和时空的错位才是问题关键。中方显然对这个"折中"的方案无所适从，所以又找来了香港建筑师严迅奇来设计。严当时因为在巴黎歌剧院的国际竞标中胜出而名声大振。从方案看，严的设计倒和贝聿铭的香山饭店有几分相似，也许是他们从内心都有意为中国建筑寻求"一种非照搬西方的现代化模式"。

当时程泰宁先生牵头的本土建筑设计团队起初的身份仅仅是"陪练"，因为在投资方看来"西方建筑师在五星级酒店喝咖啡的时间都要超过中国建筑师的画图时间"。现实的情形也的确如此，我们设计手法落后和对生活（功能）的体验不足是不争的事实，但是程泰宁对杭州城市尺度与地理人文环境的把握却是西方建筑师所不及的。他的方案对建筑体量拆分重组，并结合院落组织、地上地下空间处理，既满足了现代化酒店的功能需求，又营造了极具江南文化气息的空间意象，并且在此基础上很好地处理了建筑的外墙材料、窗户以及屋顶的形式与色彩的关系，最终达到了内与外的和谐，尤其是建筑与对面宝石山的呼应。

在这次国内外建筑师设计方案的交流或者交锋中，程泰宁先生的取胜显得十分自然，可谓以"虚"取胜——在城市环境中虚化主体、在建筑单体上虚化墙面屋顶、在庭院园林中虚化形式，而最终强化是"意境"！"悠然见南山"是他为黄龙饭店主入口铭牌背面选择的诗句。黄龙饭店设计的成功虽然得到了国内甚至国外同行的高度评价和认可，也成了程泰宁先生的设计成名作与代表作之一，但是这次成功并没有帮助中国建筑走上一条"非照搬西方的现代化模式"的道路。不久在与黄龙饭店一路之隔则建造起了高层玻璃幕墙的黄龙世贸中心，随后的中国建筑界又刮起了强劲的"欧陆风"，罗马柱式与穹顶几乎一夜之间占领了中国大城市的街巷。"正如马克思预言的，发达国家向不发达国家所展示的，是后者的图景。在这个预言的'定律'面前，我们脑力衰竭，似乎只需要练就发达的四肢去实施那种'图景'。"（李小山，《批评的姿态》）可悲的是我们对发达国家"图景"的认识还发生了严重的错位，更可悲的是我们对自身的"传统"进行了严重的扭曲，加之部分长官意志的主导，北京和为数不少的城市还出现了"身穿西装头戴瓜皮帽"的奇观建筑。

（三）

2002 年 4 月， 85 岁高龄的贝聿铭先生正式签订了苏州博物馆的设计协议，在自己曾经的故乡完成"封刀之作"可谓意味深长。这个项目一开始就引起了不小的争议，只是这争议倒不是针对建筑设计本身好坏，而是不少人反对将博物馆选址在一墙之隔的拙政园旁边。三十年前贝先生拒绝把饭店选址在故宫附近，但这次他却当仁不让地把博物馆用地选在了敏感地带。他似乎更多地把这当作了自己"人生最大的挑战"，也把这个建筑视作自己的"小女儿"。

苏州博物馆遵循着"中而新，苏而新"的设计理念以及"不高不大不突出"的设计原则。相对于安德鲁同样在敏感地带完成的"巨蛋形"国家大剧院，苏州博物馆对建筑尺度的拿捏、色彩的把握和对周边环境的尊重与处理还是十分到位的。博物馆在构造上，大量使用玻璃和采用开放式钢结构，由几何形态构成的坡顶，既传承了苏州城内古建筑纵横交叉的斜坡屋顶，又突破了中国传统建筑"大屋顶"在采光方面的束缚，在庭院设计上也是遵循了"中而新，苏而新"的设计理念，其中"以壁为纸，以石为绘"的叠山理水手法可谓别具一格。从建成效果来看，苏州博物馆在国内应该算是一个很不错的作品，而且施工完成度相对较高。遗憾的是园林式的分散布置和过度的对室内外空间的渗透强调，结果导致相当一部分观众也把展厅当作新式园林在游玩，最后影响到了展览效果，毕竟苏州博物馆是一座大型的综合展览馆。与贝先生自己设计的香山饭店相比较，可以说苏州博物馆除了在用材上更为考究以及细节完成更为精致外，在设计思想和表达手法上并无本质区别。

浙江美术馆的设计以及施工进程几乎完全和苏州博物馆一致。程先生三幅极具美术性的草图与题词很能说明他的设计出发点与立意。之一：与环境共生，"依山面水，错落有致，虽为人造，宛如天开"；之二：江南流韵，"粉墙黛瓦，坡顶穿插，江南流韵"；之三：艺术品位，"钢、玻璃、石材的材质对比，方锥与水平体块的相互穿插，使建筑具有雕塑感"。整个美术馆的设计正是在此基础上展开的。从完成的效果来看，浙江美术馆通过自由组合与随机拼贴的手法对歇山顶原型进行了抽象演绎，加之黑白灰的色调以及方锥与水平体块的相互穿插，使建筑极具雕塑感，无论外在的形象还是内在的气质都和杭州以及西湖十分和谐，其单纯性中透露出的复杂性与多元性在气质上更接近传统的水墨笔法，遗憾的是景观设计和整个建筑有些脱节，建筑的钢结构完成度也不理想。

浙江美术馆与二十多年前的黄龙饭店相比较，在外在的表现手法上有了很大不同。黄龙饭店布局自然，表达形式很有节制，材料运用也很质朴，而浙江美术馆无论建筑形式还是材料运用都有明显的突破，从而显得更具时代感与表现力。这也许是因为"此时、此地"在近三十年中发生了巨大变化，而作为设计者本人对建筑的整体把握以及审美意象也有所提炼与升华。

相对于三十年前的两个饭店设计，新近落成的苏州博物馆和浙江美术馆在建筑界显得较为平静，基本没有引起多大的轰动与影响。而与此同时其他西方建筑师在中国相继设计完成的一系列重大建筑（诸如国家大剧院、CCTV 大楼、鸟巢、水立方等）却引发了广泛而激烈的争议，只是这些争议在新的社会条件下已不仅仅是纯粹建筑领域中的讨论，同时也成为一个社会和文化事件，对于中国大众来说似乎一夜之间知道了"建筑师"这个职业的存在。

（四）

三十多年过去了，贝先生和程先生先后完成了两个饭店和两个展览建筑的设计，他们从一开始就试图为"具有中国传统建筑特征的现代建筑"指明或者探索道路。反观今天中国的建筑界，这条道路是否已经清晰明了了呢？如果说三十年前我们尚缺少必要的资金、技术、经验和理论，一心想早日实现现代化（尽管贝聿铭拒绝了在故宫附近设计一座现代化的高层酒店，可我们几乎与此同时就请美国人在距离故宫不远处设计了长城饭店），那么在大规模地实践了三十年后，连洋大师都不请自来了，我们还缺少什么呢？难道是所谓的传统文化吗？

建筑离不开形式，形式对于建筑的重要性不言而喻，国内当下的建筑形式可谓"语不惊人死不休"，不炫目似乎就不是设计。贝聿铭先生和程泰宁先生在两个不同时期的设计，不但文化背景与时空有着差异，而且在实践过程中他们各自对形式的运用方式也很不相同，可惜不少人把这个关键的问题简化成了表面的像与不像。现在让我们回过头来对他们两个不同时期作品的形式手法再进行一个简要、全面的分析比较。

贝聿铭先生可以说一直是西方现代主义建筑理论的坚守者与实践者，他通过对基本形体的切削和抽象严谨的几何演绎来控制着整个建筑的最终形式。形式对他来说是第一位的，他用形式诠释着意味，如此以来他的建筑在形式上有着清晰的可读性与统合性，在细节上则追求着高度的机械美学，而他合伙人模式的工作团队为此提供了极大的人力与智力支持。另外，他通过与结构设计大师、景观设计师、照明设计师、雕塑家以及相关艺术家的协同工作，让他的建筑不仅在整体上有着极高的理性完成度，又体现着非凡的艺术气质。这不仅仅体现在他在国外的作品上，在中国设计完成的香山饭店和苏州博物馆亦是如此，只是中国客观的管理水平与施工条件让作品完成度相对来说打了折扣。

程泰宁先生作为本土的建筑师，他明显地受着西方现代主义建筑的影响，但这影响更多地只是体现在基本手法上而不是理论支撑上。他通过个人大量反复的实践，对自己的设计理论早期归结为"立足此时、立足此地、立足自我"，近来提炼升华为"天人合一、理象合一、情境合一"。从他不多的论述中我们不难看出他对"自我"的强调，因为相对于形式来说，他更在乎意境，这从他为黄龙饭店铭牌选的"悠然见南山"可见一斑。他对形式也有着严格的控制，以至于被张在元称为"泰宁尺度"。他的设计思想虽然相对来说是比较稳定的，但是随着个人的设计积累，手法却是十分多变的。自由组合与随机拼贴的手法使得他的作品形式有着复杂性与多元性，这点在浙江美术馆的设计中体现得极其明显。如前文所述，浙江美术馆的环境、雕塑设计和整个建筑很脱节，建筑内外部的钢结构完成度也很不理想。种种现实问题的制约，从很大程度上影响、制约了建筑的整体表达与品质，如此看来建筑的现代化无疑是需要建立在社会的现代化基础之上的。

（五）

当下的中国已无可争议地成了世界建筑的工地，而众所周知的事实是，在中国经济快速发展的同时并没有形成独立于政府权威的公民社会，所呈现的是一种权力指导下的市场经济，是一种不完整的现代化形态。在这种状况下西方建筑师并没有像贝聿铭那样把中国作为一个不同于西方文化的主体来进行特殊处理，更不会像程泰宁那样对中国的主体文化做出积极的反应与回馈，他们的设计意图与中国当下语境之间的错位关系十分明显，这些设计失去了应有的社会意义和公共价值，最后只剩下了荒诞夸张的没有意义指向的形式，到头来实现的仅仅是建筑师的自我梦想。

西方建筑师在我国的设计实践因为所处的文化背景差异以及经济、政治的环境不同，导致的误会与误解尚能理解，而身处其中的我们又是如何看待与思考这种现象呢？三十多年前贝先生任性地选择了远离故宫的香山，三十年后他又任性地选择了拙政园旁边，他的"任性"也只是仅仅被我们质疑和不解，但是却都"我行我素"地实现了目的。"任性"的又岂止贝先生，我们不是照样在距离故宫不远处建成了高层全玻璃幕墙的长城饭店？不是照样在天安门一侧建成了银光闪闪的国家大剧院？当那个巨无霸的"斗拱"代表着中国建筑文化展示给世界时，我们是否记得 SOM 在陆家嘴设计的金茂大厦？到底哪一个更能代表着中国建筑文化与精神？ 黄龙饭店建成不久，在马路对面就建成了一座大玻璃幕墙的现代化贸易中心及高层酒店。与其说是业主认可、选择了程泰宁先生黄龙饭店的方案，毋宁说是他的设计得到了境外同行的认可与理解才得已实施（参见《程泰宁院士访谈录》130~131 页）。无独有偶，据说奥运游泳馆"水立方"的概念方案起初也是由中方建筑师赵小钧提出的，得到了境外联合设计公司的认可最终成为实施方案。

姜文的《阳光灿烂的日子》在国际上获奖了，王小帅的《十七岁的单车》在国际获奖了，贾樟柯的《小武》在国际上获奖了……这些影片竟然都不是通过"正常渠道"出境参与评奖的，这些导演在获奖之前在国内基本都籍籍无名。2012 年对中国来说注定是一个重要的年份，先是王澍获得了在建筑界具有诺贝尔奖之称的普利兹克奖，随后莫言成为中国第一个诺贝尔文学奖的获得者。接连的大奖让我们惊呼和眩晕，更让人惊讶的是之前莫言在国内文学界获奖很少，直至 2011 年才获得茅盾文学奖。更让人不可思议的是王澍之前在中国建筑界基本没有获得任何奖项，他自称为"业余建筑师"，工作室也叫作"业余工作室"！

这到底是墙里开花墙外香，还是老外对我们的文化产生了误读与误会？或者走了眼甚至有意与我们对着干？我们现代化道路的终极目标与核心价值观又是什么？难道是我们的现代化道路早已完成无需多虑？为什么中国会成为全球奢侈品的最大消费国？为什么我们臆想并建造了大量当下西方并不存在的法式、英伦式、西班牙式及 artdeco 风格的豪宅？难道这些世界名牌与豪宅果真能让我们找到自己的定位和归属？也许只有"中国梦"才能回答这些问题。

我们相继建起了号称世界上结构最复杂的鸟巢、水立方和 CCTV 大楼，然而一场突如其来的地震却让无数学校沦为了学生们的噩梦。我们有着上下五千年的传统文化，却少有五十年历史的建筑（房子），在此基础上谈建筑文化犹如空中楼阁。国内任何一家综合的设计院都有建筑、结构、给排水、暖通和电气等专业，为什么焦虑的总是建筑师？其他人（专业）为什么就这么淡定？难道他们就不需要现代化和人文情怀？

据说现在的香山饭店管理很差劲，卫生设施也不好，在网上搜索了一下网友评价，传说应不虚。去年底黄龙饭店完成了改扩建，有意思的是原先老建筑的外墙面砖也替换了，而且是程先生亲自去日本挑选的规格与颜色。三十年前各地相继在建造饭店，如今又在纷纷建造博物馆、美术馆等文化建筑，这是否就能证明我们在物质发达后要大力发展精神文明了？我们对建筑的基本评判尺度和根本意识形态立场又是什么？我想建筑设计首先需要发现问题，这是我们基于对社会、文化、经济、历史、地理、城市、业主需求、功能等诸多客观因素的认识和理解，找到切入点并提出设计概念的过程。其次，我们还应直率地面对各种问题，并以专业观点提出完整的方案，最终创造性地解决问题。每一次的设计过程都应该是一次从发现问题到解决问题的过程，这样一来我们也许会离所谓的思想文化较远，但是一定会离建筑和人更近。

读吴先生《良镛求索》有感

王育

一年前拜访吴先生，看到他在审读《良镛求索》出版前的书样。九十多岁的老人，一丝不苟，孜孜不倦，我被这种精神感动。书出版后我反复认真阅读，读后心得不吐不快。

最好的传记，就是传主的足迹与心声。在 2017 年初"行万里路，谋万家居：人居科学发展暨《良镛求索》座谈会"上，吴先生说，《良镛求索》这本书是在 90 岁以后完成的一个自述，用 3 个 30 年回顾了自己的人生求索之路。第一个 30 年是动荡战乱，饱受帝国主义侵略的年代，他度过了自己的青年时期并完成学业；

《良镛求索》书影

第二个 30 年是从教的 30 年，他协助梁思成先生创办清华大学建筑系并任教至今；第三个 30 年是向科学进军的 30 年，他与团队同道一起，艰苦创作，顽强拼搏，结合中国国情提出广义建筑学、人居环境科学理论，探索开展多尺度、多类型的人居科学思想与理论体系研究，开展获得世界人居奖和亚洲建协建筑金奖的菊儿胡同四合院改造实验，推进许多重要科研项目。

路，是人都要走的，不同的人却走出了不同的人生。吴先生对八十多年前幼时的回忆，如聊天，如讲古，充满情思，展示出温良敦厚的性格。吴先生至今记得他家祖宅大门门联"绵世泽莫如为善，振家声还是读书"，这里有祖传和家教的影响。"这（第一个）30 年，一方面是学习知识，增长见识，另一方面是在动荡的时局中树立了理想和信念"（自序），这理想既包括"抗日战争的硝烟之中，亲历百姓不得安居之苦楚，建设美好人居的种子自幼时即埋藏于心间"(P255)，亦有"国破家亡，未忘祈求以一己专业所长报效国家与社会"(P271)。

"人生的道路有很多十字路口，每一个人生阶段，越过路口始能前进，错过了就难于回头，因此把握大方向非常重要"(P248)。1950年底，吴先生"应梁先生祖国'百废待兴'之约，毅然从美国回来"(P248)，开始了第二个30年的求索。其间尽管有梁先生建筑思想受到批判、大跃进的荒唐、十年"文革"噩梦以及大大小小"戴着镣铐跳舞"的人生经历，他义无反顾，初心不改。"求索"一词出自《离骚》，其中不仅有"路漫漫其修远兮，吾将上下而求索"，还有"亦余心之所善兮，虽九死其犹未悔"。

吴先生说，"这一段经历对我们这一代是记忆犹新的，对于我更有切肤之痛"(P105)。在网红遍地、梁思成已成先贤的今天，年轻人真的能够理解二十几岁吴先生的选择吗？在"紧急回到祖国"(P63)一节，吴先生清楚地讲了理想和信念对于把握大方向非常重要。也许，今天的年轻人一时不能理解什么是师恩如山，吴先生道出的秘籍是"择其善者而从之"（P249）。再联系吴家那幅门联，那上善若水、从善如流的抉择，足够年轻后生受用终身。

1984年，卸去行政职务的吴先生创建建筑与城市研究所，开始了他向科学进军的30年。这也是承前启后、实至名归、硕果累累的30年。是60年来坚定的理想和信念、成熟的思考和实践才有的厚积薄发，是在学术上向自由王国跃马扬鞭。

掩卷沉思，《良镛求索》独具特色，撷取四点心得共飨。

第一，真诚而温婉。自述不仅"述自"，更真诚地给年轻人述说半生所遇到的值得记下的人和事。无论师长、朋友同道、门生晚辈，吴先生都记下人家对他的好，记下那人那事的感动，也记下了自己的感恩和谢意，甚至记下了时代的遗憾和内心的主张。言语温婉真切，人品爆棚。

第二，刻苦而谦逊。小学五年级班主任的一句批评，让吴先生"九十多岁了还记得，让我认识到一辈子一定要兢兢业业，稍有放松可能就会出问题"（P8），所以无论学习、工作、从教、研究，他始终刻苦努力，谦虚谨慎。"在获奖之后还是相当低调，埋首工作，不敢张扬"（P268）。"行万里路，谋万家居"的吴先生仍然要求自己"有些自己无能无力的事情知难而退""要有所不为才能有所为"（P269）。

第三，择善而坚持。吴先生说，"'择其善者而从之'的另一层含义，是对道不同的人往来自然会少"（P249），"道不同不相为谋"。吴先生坚持把有限的人生精力放在结交良师益友上，放在始终追随国际学术前沿的领军者上，放在领挈提携后生晚辈上。从自述中可见，就是在最为艰难困苦的时候，他仍然择善而坚持。晚辈我结识吴先生十几年，虽然术业有专攻，但最好的知识他给了，是我没接住。看他老当益壮，一骑绝尘领先，是我"图样图森破"（too young too simple），怎么能追得上。

第四，诗意而乐观。还记得吴先生曾说："我毕生追求的目标是让全社会有良好的、与自然相和谐的人居环境，让人们诗意般、画意般地栖居在大地上。"他写生，画画，练书法，办个展。从宋代赵孟頫《鹊华秋色图》获得灵感的故事（P228、P250）可见一斑。自述中轻轻带过的是2008年的生病，自此吴先生持之以恒有规律地康复锻炼，更加快节奏地推进手中项目，心心念念的是明日之人居。耄耋长者乐观的人生态度和诗意的生活追求真切而感人。

读《良镛求索》，又一次感受到"大音希声"。黄钟大吕，并非皆为声高音响，倒是辽远悠长，更能引起我们内心不尽的共鸣与感动。借《陆九渊集·语录下》中的一句话："先生之文如黄钟大吕，发达九地，真启洙泗邹鲁之秘，其可不传耶？"

边思考，边写作：
关于城市与建筑文化的薪火相传
——贺《中国建设报》创刊 30 周年

金磊

作为建设科技工作者，我的成长是伴随着《中国建设报》发展而一路走来的。偏偏我又是位"热爱"言说者，无论做设计研究，还是建筑文化传播实践，我总秉承这样的理念：能看到多远的过去，就能看到多远的未来；能拥有多宽的视野，就能获得多大的空间。一个人的发展如此，一个代表国家建设行业的媒体平台更是如此。本文不仅昭示着贵报 30 年的求索，也"映射"着它何以吸引住全国千万建设行业人的目光。由于工作的缘故，由于"言说"的需要，在我近 30 多载的"言说"平台上，《中国建设报》每每总是排第一位的。尽管在我的文献收藏中，难以找到是何时、是何文在贵报发表的，但我相信谈到对《中国建设报》的纪念，数以千计的建筑人和编辑记者们都会感慨，因为历史从大家的笔下流过，就如一部"建筑史"，如同研究中华人民共和国建设的历程不可能不翻阅《中国建设报》一样，所以纪念它会让人细细回味，会让人百感千思，会让人仰望信念的天空。我的纪念文字，从两个方面展开，基本上以我曾在贵报上发表的文章示例为线索。

一、贵报是全国建设界较早瞩目"城市防灾"的"安全平台"

城市防灾及其危机应对是近年来的热点，因此越来越多的媒体关注此类命题，然而在 20 多年前它仿佛是可有可无的事，在媒体报道体系中也受不到重视。但我初查贵报发现，《灾害来自脆弱的城市生命线》（1995年 3 月 28 日 3 版）、《全民素质待提高，安全文化不可少》（1995 年 3月 11 日 3 版）、《联合国人居中心参与安全减灾》（1995 年 4 月 6 日3 版）等都是早期的城市防灾文章。"7·28"唐山大地震已过 40 年，在我的记忆中自 1996 年前后，我便每年结合城市防灾的动态在"7·28"

祭日前后撰文,现还存有 30 周年《灾害给人类建筑文化的启示》(2006年 7 月 24 日 7 版)、32 周年《再论汶川灾后重建规划编制理念》(2008年 7 月 29 日 7 版)、34 周年《人与自然的灾害文化观》(2010 年 8 月2 日 4 版)、35 周年《城市灾难中的应急管理与媒体应对策略》(2011年 7 月 26 日 7 版)、36 周年《城乡综合减灾问题新见》(2012 年 7 月31 日 7 版)、39 周年《防震减灾要重视灾害社会学研究》(2015 年 7月 30 日 6 版)、40 周年《安全城市管理问题再析》(2016 年 8 月 4 日7 版)。在贵报平台的支持下,至少从 2000 年起,我便结合国家一系列建设战略,发表城市安全保障性研究心得:《西部大开发应关注安全减灾建设》(2000 年 6 月 2 日 3 版),《安全奥运要有综合灾情观》(2004年 7 月 16 日 2 版)。自 2004 年 5 月 18 日在贵报一版以体制、机制、规划到法制建构的视角,连续发表"四篇评论";研究城市综合减灾问题,较成熟的"城市安全与防灾减灾系列"讲座在贵报《理论与政策》月刊上相继发表 14 篇(2006 年 5 月—2007 年 11 月)。

重要的是,自 2006 年,我更结合中国城市减灾的需要,逐年盘点中国城市灾害问题:《中国需要城市灾害学教材》(2006 年 9 月 18 日8 版),《2007:中国城市安全减灾综合分析报告》(2007 年 12 月27 日 7 版),《汶川大地震重建规划问题研究》(2008 年 6 月 3 日 5版);在"中国城市发展需要安全战略布局"采访中(2008 年 3 月 2日)建言要组建"国土应急安全部""用安全奥运保障北京奥运会""国民要进行巨灾文化教育";《2009:中国城市安全减灾综合分析报告》(2009 年 12 月 29 日),《北京世界城市安全标准研究》(2010 年 2月 23 日),以在日本召开的第 24 届世界建筑师大会主题为引的《设计2050 城市安全文化的启示》(2011 年 8 月 29 日 4 版),《2012 年城市综合减灾建设要在"难中"前行》(2012 年 3 月 13 日 7 版);2013年在《安全城镇化的冷思考后》(2013 年 5 月 31 日 6 版),发表了《建言芦山地震灾后重建策略》(2013 年 6 月 18 日 7 版);在分析六个焦点后的《城市综合减灾策略呼唤精细化管理》(2014 年 2 月 18 日4 版)与《新型城镇化安全减灾规划应以研究为先》(2014 年 8 月 5 日7 版);积极配合了中央《国家新型城镇化规划(2014—2020)》的安全建设要点,以京津冀"三地多城"安全管理为命题的《综合减灾立法:京津冀协同发展的重中之重》(2015 年 12 月 17 日 5 版),《城市安全救援管理问题研究刍议》(2016 年 1 月 28 日 6 版);针对全国海绵城市防涝存蓄能力建设中出现的某些"迷失"的《韧性城市设计乃安全建设之本》（2017年2月16日4版）等。可以看到，有了《中国建设报》的扶植与厚爱，我的城市防灾文章对中国问题的解读才得以逐步完善，我的认知水平才不断提升，我也从贵报的更多专家文稿中汲取养分和力量，至少可以说，综合减灾、安全奥运、灾后重建、城市综合减灾立法、安全文化等关键词在《中国建设报》传播最为充分。

二、贵报是全国建筑界专业媒体崇尚精神价值的最好"文化平台"

从文化视角品评建筑不仅要有评论与报道，更要涉猎文学、音乐、绘画、摄影等方面。在我学习并审视贵报的20多年中，深深感到这一点，无论是过去的《文化周刊》，还是今日的《建筑文化》与《建设文苑》版，都留下了数以千计的建筑文化美文，对这一点我与贵报创始人之一的杨永生编审（1931—2012）在他生前多有交流。

翻阅贵报1997年前后《建设瞭望》栏目，笔者有不少摄影"习作"刊发，还有《瑞典钓鱼童》（2000年9月18日3版）的随笔发表，以及《飘然而至的绿叶》（2000年8月22日6版）；《文化周刊》栏目有《漫谈五台山佛光寺》（2003年10月31日5版）与《司马迁祠墓建筑》（2004年2月6日5版）等。说到与贵报的合作，近十几年来除共同组织了一些建筑文化活动外，还共同策划了栏目，如2005年至2009年的《建筑创作》、2012年的《中国建筑文化遗产》与贵报合办《建筑文化》栏目，2015年《中国建筑文化遗产》协助贵报的《建筑评论》栏目，均在业界反应良好。在市场竞争条件下的坚守与不断创新是极为可贵可赞的，感谢王宝林先生的《做传播中国建筑文化的跋涉者（上）（下）》的采访对话稿（2004年5月27日、2004年6月3日）；感谢胡长乐编辑《倾心打造建筑师的高品质学术媒体》对时任《建筑创作》主编的我的专访（2003年12月5日）；感谢《建筑文化》栏目能适时在纪念中国"文化遗产日"第一年、第五年、第十年先后推出的文章《重走梁思成古建之路策划初衷》（2006年3月27日7版），《主办城市建筑文化遗产传播模式研究》（2010年6月21日4版），《守望建筑文化乡愁，需要持续的行动》（2015年6月15日4版）。笔者于2007年5月—12月撰写的《中国建筑文化传播项目计划》五论，较好地向业界内外展示了建筑文化传播的重要方式。此外还有三个专题值得回味：其一，2014年针对城市建设盲目媚外、以怪代新的乱象，应邀在贵报1版发表《如何在传承中国建筑文化中找到自信》九篇时评（2014年11月4日—11月24日）；其二，在抗战胜利70周年的2015年，在贵报1版推出《以建筑的名义纪念抗战》文图版，从平型关大捷纪念馆（2015年8月13日）到"九·一八"历史博物馆（2015年9月18日），较为典型地反映了抗战纪念建筑的时空场景；其三，针对中央对建筑师"原创"及建筑评论的重视，自2015年6月29日《中国建筑文化遗产》协办《建筑评论》栏目，我也有幸发表《时代语境需要建筑评论》的开篇文章，迄今《建筑评论》栏目已到"而立之期"。

对中国建筑文化活动的支持方面，贵报服务业界的平台作用"功不可没"，试归纳以下几方面。

关于城市文化发展：笔者针对单霁翔文化遗产保护著作"五书"的出版，推出《城市文化与文化遗产保护理念的教科书（上）（下）》（2014年4月11日、4月25日）；关于文博建筑：先后以"5·18"国际博物馆日与"5·19"中国旅游日的关联推出《博物馆之旅的建筑文化之思》（2011年5月22日4版），《广义博物馆：大千世界新视野，质量提升深内涵》（2015年7月14日4版），《〈中国博物馆建筑〉的思考内涵和文化视野》（2010年12月6日4版）；关于城市影响力事件：《大书小书：重读北京奥运建筑设计史》（2008年11月13日3版），《面向公众的奥运建筑文化传播》（2009年7月28日8版），《策划〈鸟巢成长的影像〉感言》（2009年8月13日3版），还有与伦敦奥运会相关的文稿《伦敦奥运会建筑创意与文化遗产传承》（2011年6月27日4版）与《探访现代奥运发源地：马奇文洛克小镇》（2012年7月12日4版）；关于"建筑师文化之思"：源于2004年末《建筑创作》杂志社为住宅设计大家宋融先生出版《建筑师宋融》的感言，尔后我写成《普及建筑文化呼唤口述历史》（2007年1月22日7版），其他涉及已故建筑文博大家的文章就有《北京市建筑设计研究院20世纪50年代八大总》（2009年10月19日3版），《张镈大师与民族文化宫设计》（2006年4月7日7版），定格2012年罗哲文、杨永生、华揽洪辞世建筑悲歌的《中国建筑文化的太史公》（2013年1月28日4版），《为什么传承中国20世纪建筑师的作品与思想》（2015年2月17日11版）；关于建筑好书推荐与书评：《马国馨院士建筑文化系列读物的文化启示》（2012年2月13日4版），《策划主编〈1978–2008：中国建筑设计三十年〉体会》（2009年2月13日三版），《〈张镈：我的建筑创作道路〉

读后感》（2011年3月28日4版），《探索建筑设计作品集出版的新范式》（2007年3月5日8版），《写在〈北京新建筑指南〉出版之际》（2007年11月20日），《感悟〈天地之间——张锦秋建筑思想集成研究〉出版》（2016年4月14日8版），《〈岁月回响〉引发的城市文化联想》（2009年12月14日3版）；根据每年的"世界读书日"主持了三届中国建筑图书奖，其策划思路《让建筑好书普惠大众》（2008年4月22日8版），并有《对我国建筑图书出版的文化思考（上）（下）》（2011年7月18日、2011年7月25日）及《培育中国建筑文化离不开"建筑诗学"》（2015年4月27日4版）。

关于城市与建筑批评，在贵报支持下我再自荐"十文"：《中国建筑设计改革30年事件与作品述评》（2008年11月25日6版），《历史全程下的新中国建筑才"精彩"》（2009年11月30日3版），《建筑评论该洞悉历史，叩问山河》（2011年5月16日4版），《普利兹克建筑对中国建筑设计的启示》（2011年7月4日4版），《"慢"行为或许是中国建筑设计所需要的》（2013年7月29日4版），《评中国当代建筑设计中的"乱象"》（2013年11月18日4版），《梁思成"守望"与话语权的困惑》（2011年4月18日4版），《我国20世纪建筑遗产保护与发展需要行动》（2013年2月26日7版），《"自白"是面向公众的自审与内省》（2016年6月27日4版），《20世纪建筑遗产需要特别例证》（2017年1月16日4版）。

用一个人的文章盘点《中国建设报》30年发展"史"虽有意义，但却是微不足道的，其意义是至少在方向与选题上，在深度与广泛性上能表达出作为一个"用心"的读者与作者对贵报管理者、编辑记者的非凡视野与不断求索精神之敬意。30载，虽是历史长河倏忽而过的片断，但重要的是它敏捷地用事件与评述打开了业界内外人们的观念之窗；30载，有沉淀磨练后的成熟与稳重，有聚拢的芬芳与精彩的延续，它告诫社会如何用良知去扮演舆论推动者及建筑文化的传播者；30载，留下的忠实记录太多太多，作为阅读者及写作者，我渴望从贵报学习到更多，因为我已从《中国建设报》的一系列新变化中感受到它的责任感及发展空间，这缘自《中国建设报》能不断给出描绘思想的景深。

建筑批评的模式（五）

郑时龄

类型学是以类型概念的构成为中心的学说，"类型"是由"类"本身内部的统一方面以及与其他"类"的差异来规定的。科学与哲学的根本职能之一就是揭示事物原初的动因，目的是寻找事物的本质，这就是"类型"，类型反映了事物的功能、形式及其根本的性质。"类"的概念表现为具象的"型"，由此来把握这种统一或差异的规定性时，一般就称之为类型。

一、类型的概念

人们在各个领域都会遇到类型的范畴，按照类型的特征来思考问题。德国哲学家斯普朗格（Eduard Spranger，1882—1963）在《生命诸形式》（Lebensformen，1914）一书中，曾经将人类生活按照理论的、经济的、美的、社会的、政治的、宗教的六种形式设定为一种理想型。在心理学上，也将人的性格类型划分为外向型和内向型，融合型和非融合型，循环型和分裂型等对立的概念。就美和艺术而言，类型概念也具有重要的意义，美和艺术就是在个别形态中显示其本质的。因此，在实质上，美和艺术的存在方式本身也是类型的。类型学就是以类型概念为中心的系统理论，对事物的分类进行考察和研究，基本上，所有的学科都存在涉及类型学的问题。美国当代解释学家、批评家赫希（Eric Donald Hirsch，1928— ）认为：

"类型是一个整体，这个整体具有两个决定性的特点。首先，作为整体的类型具有一个界限，正是依据这个界限，人们才确定了某事物是属于该类型还是不属于该类型。……类型的第二个决定性特点是，它总是能由一个以上的事物去再现。当我们指出两件事物属于同一类型时，我们所发现的就是这两件事物共有的相同特征，而且把这共有的特征归结为类型，因此，类型就是一个具有界限的整体。正是依据这个界限人们才确定了某事物是属于该类型还是不属于该类型，由此，类型又是一种能由众多各不相同的单个事物，或各不相同的意识内容所体现的整体。"

法国建筑理论家德·昆西在《建筑词典》中为"类型"和"模式"作出了具有权威性的定义，并对类型与模式的关系做了精确的说明。他认为类型与模式的区分在于，类型不是可以复制与模仿的事物，否则就不可能有"模式"的创造，也就没有建筑的创造。他是这样下定义的：

"'类型'这词不是指被精确复制或模仿的事物的形象，也不是一种作为原型规则的元素……从实际制作的角度来看，原型是一种被依样复制的物体；而类型则正好相反，人们可以根据它去构想出完全不同的作品。原型中的一切都是精确和给定的，而类型中的所有部分却多少是模糊的。我们因此看到，对类型的模仿需要情感和精神……"

二、建筑类型

按照英国建筑理论家、建筑师阿兰·科洪的理论，类型学具体呈现了设计者通常考虑的原则。根据美国建筑理论家、原哈佛大学设计学院院长彼得·罗厄（Peter Rowe）的分析，建筑类型有三种：作为模式的建筑类型（Building Types as Models）；组织性类型（Organizational Types）以及元素类型（Elements Types）。这些类型的应用要根据具体的空间与时间而定，并与建筑师的意图相吻合，元素类型也就是基本类型。

作为模式的建筑类型的形成，是由于某些建筑具有值得其他建筑师仿效的特性，这些建筑类型提供了其他设计的解决方案。模式的建筑类型包括引证和参照历史的建筑模式和当代的建筑模式，建筑师在设计时以著名建筑师的作品作为典范，并在新的设计中结合具体的关联域予以引用和变形，这取决于引证建筑模式时，建筑师对这些建筑模式的理解和与现实结合的可能性。还有一个实例典型地说明了建筑与作为模式的建筑之间的关系。以色列裔加拿大建筑师摩西·萨夫迪（Moshe Safdie，1938—）设计的温哥华公共图书馆（1995），是以罗马的大竞技场作为模式的，从造型以及入口的处理上都明白无误地反映了这一点。

组织性类型主要是表现空间结构和功能元素的类型，或者是方案设计中形式组合的基本规则。组织性类型往往表现在城市的结构和建筑的空间组合结构等方面。例如，在设计具有不同主次的空间关系时，建筑的空间就会呈现出一种组织性的等级系统，表现空间序列的演化。明清北京城自南而北长达 7.5 公里的中轴线是全城的骨干，中轴线上的建筑与庭院空间都有着森严的等级规范，所有的空间序列处理都是为了突出其核心——紫禁城。从南端的起点——永定门，经内城的正门——正阳门和大明门到天安门，再经端门进入紫禁城的宫门——午门，来到紫禁城的三大殿——太和殿、中和殿和保和殿。中轴线以及两侧的次要轴线上，都布置了以《礼记》《周礼考工记》以及封建传统的礼制为组织性类型的建筑空间和建筑形式。北京紫禁城与法国的卢浮宫无论是在建造年代、使用功能还是建筑面积上，都大致相仿，但是由于采取了不同的建筑方式，而出现了完全不同的总平面布置。

三、原型批评

类型学批评中有一个与元素类型有关的十分重要的领域，那就是原型批评。原型是指艺术中典型的反复出现的形象，是可以传播的传统象征和隐喻。原型又称"原素""母题""动机""想象范畴""原始意象"等。按照瑞士心理学家和精神病学家荣格的说法，原型是集体无意识，是本能的表现，是经验的集结，是"形式""模式"或"形象"。集体无意识的内容是由原型组成的，原型是一切心理反应的普遍一致的先验形式，这种先验形式是同一种经验的无数过程的凝结。荣格认为，艺术是一种创造性幻想，是集体无意识的典型体现。"原型批评"是 20 世纪 50 年

郑时龄院士在中国建筑学会建筑评论学术委员会成立会议中为受聘嘉宾授予证书

代和 60 年代流行于西方的一个十分重要的批评流派，其主要的创始人是加拿大批评家、文学理论家诺思洛普·弗莱。"原型批评"曾一度与"马克思主义批评""精神分析批评"在西方文论界中形成三足鼎立的局面。关于原型的概念，诺思洛普·弗莱指出：

"有些艺术是在时间中移动的，如音乐；另一些艺术则呈现在空间之中，如绘画。在两种情况下，其结构原则都是反复出现：在时间中反复叫作节奏，在空间中反复便叫模式。所以我们说，音乐有节奏，绘画有模式；不过后来，为了显示我们思维的深奥微妙，我们开始也说绘画的节奏、音乐的模式了。换句话说，我们既可以从时间上，也可以从空间上去设想一切的艺术。"

关于原型批评的特点，美国批评家魏伯·司各特在《西方文艺批评的五种模式》中认为，原型批评类似于形式主义批评，要求字斟句酌地阅读作品，但并不满足于作品内在的审美价值。另一方面，又类似于心理批评那样，要分析作品对读者的感染力。有时候，原型批评类似于社会批评，要关注引起对读者的感染力的基本文化形态。原型批评在考察文化的渊源或社会根源时，又类似于历史批评。原型批评的目的在于揭示艺术作品中，对人类具有巨大意义和感染力的基本文化形态。原型批评用典型的意象作为纽带，将个别的艺术作品按照其共性的演变，从宏观上加以把握，有助于把我们的审美经验统一成一个整体。原型批评总是打破每部艺术作品本身的局限，强调其带有普遍性的也就是原型的因素。

元素类型模式的典型实例是阿道夫·卢斯在 1922 年参加美国芝加哥论坛报大楼的国际设计竞赛时，提出了一个十分大胆的造型。当时一共有 263 个方案参赛，卢斯的设计以古罗马的图拉真纪功柱作为原型。图拉真纪功柱为多立克柱式，高 35.25 米，基座直径为 6.20 米。卢斯的设计将整个建筑物做成一根多立克柱子，坐落在一个 11 层楼的基座上。

建筑的类型学批评可以追溯到 15 和 16 世纪意大利文艺复兴时期建筑师小安东尼奥·达·桑迦洛、卡塔奈奥、瓦萨里和斯卡莫齐等的理想城市的模式以及帕拉第奥对建筑模式的系统化的探求等。法国建筑师、理论家、新古典主义的代表人物让·尼古拉·路易·迪朗是建筑类型学的创立者，他的《古代与现代诸相似建筑物的类型手册》（Recueil et Parallele des Edifices de tout genre, anciens et modernes, 1800）是世界上第一部关于建筑类型学的论著。在这本论著中，迪朗试图用图式说明各个时代和各个民族的最重要的建筑物。书中，所有的建筑都以统一比例的平面图、立面图和剖面图来表示。迪朗将历史上的建筑的基本结构部件排列组合在一起，归纳成建筑形式的元素，建立了方案类型的图式体系，说明了建筑类型组合的原理。迪朗用轴线和网格作为构图法的依据，所有可能出现的建筑图形都由此类推出来。迪朗在书中一共总结了72种建筑的几何组合基本型，这种类型学与图像学的综合，将建筑纳入严谨的标准化和类型学的系列关系中进行考察。迪朗还提出了一个对现代城市设计十分重要的思想，他在另一本著作——为他在理工大学开设的建筑课所写的《建筑课程讲义》中指出："正如墙体、柱子等是组成建筑的元素，建筑物是构成城市的元素。"

从此，包括建筑与城市设计在内的类型学方法成为一种以原型为基础的设计原则，并成了新古典主义的方法论与建筑批评的基础。

现代建筑也促进了建筑类型学的发展，阿尔多·罗西对建筑类型学的研究奠定了现代建筑类型学批评的基础，他在他的重要论著《城市建筑学》中深入探讨了城市建筑的类型学问题。阿尔多·罗西认为，类型是一种恒定的文化元素，存在于所有的建筑之中，是建筑产生的法则。类型的概念是建筑的基础，类型与技术、功能、形式、风格以及建筑的共性与个性之间有一种辩证的关系。类型学在建筑史上起着十分重要的作用，城市设计必定涉及类型学。阿尔多·罗西指出："类型就是建筑的思想，它最接近建筑的本质。尽管有变化，类型总是把对'情感和理智'的影响作为建筑和城市的原则。"

四、城市与类型学

阿尔多·罗西的研究将类型学的概念扩大到风格和形式要素、城市的组织与结构要素、城市的历史与文化要素，甚至涉及人的生活方式，赋予类型学以人文的内涵。阿尔多·罗西在设计中将类型学作为基本的设计手段，通过它赋予建筑与城市以长久的生命力，并具有灵活的适应性。阿尔多·罗西的类型学关注的是城市与建筑的公共领域，在类型学中倾注了他的建筑理想，一种以形式逻辑为基础的建筑理想。在这一方面，奥地利建筑师罗伯·克里尔的类型学理论受奥匈帝国建筑师和城市规划师卡米洛·西特（Camillo Sitte, 1843—1903）的城市空间理论的影响，试图重建城市的公共领域，从历史的范例中寻找城市空间的类型。罗伯·克里尔的类型学方法注重回归历史，注重操作性，他对类型学的研究深入到城市的基本元素和建筑的基本元素之中，着重于城市空间的研究。他的《城市空间》（Urban Space, 1975）和《建筑构图》（Architectural Composition, 1988）应用类型学方法讨论了城市空间的形态和空间类型，提出了重建失落的城市空间的问题，从形态上探讨了建筑与公共领域、实体与空间之间的辩证关系。建筑类型学的方法在实质上是一种结构主义的方法，是一种对建筑与城市的结构阅读，这种方法建立在欧洲悠久的历史文化的基石上。

建筑的类型学批评，一方面关注的是建筑与城市、建筑与公共领域的关系，研究建筑形式的起源，在历史的演变中考察建筑形式及其与城市的关系；另一方面，建筑的类型学批评也注重将建筑的形式还原为基本的元素，探讨建筑构成和形式的基本语法关系。建筑的类型学批评，在纵向上研究建筑及其形式与历史传统和地域文化的关系，在横向上研究建筑及其形式与基地、环境和城市的关系。建筑的类型学批评也注重探讨并寻找建筑及其形式的原型，寻找建筑师在创作中的典型意象，在创造过程中所遵循的某种规范和类型。

例如，日本建筑师、理论家黑川纪章在探讨日本文化的象征时，从原型意义上，将江户时代的利休灰作为日本的传统空间与文化的矛盾以及歧义的象征。黑川纪章认为，利休灰所表现的是一种简朴而又清纯的美学思想，代表着日本文化将矛盾着的东西加以融合从而具有的多元性，一种共生的哲学观。

文化城市需要艺术与科技的碰撞
——感悟 2017 撼动人们的艺术关键词

金维忻

　　刚刚过去的 2017 年文博艺术界的展览、拍卖、研讨、盛会等活动一场接一场，它们不仅仅为 2017 年注入新活力，更为各个主办城市提振精神。不管是推动还是冲击，风起云涌的 2017 年让中外诸国度都面对一盘破立之局。无疑，在城市里会发现世界的历史，也可感知城市人文的历史，更可发现洒满了艺术、文化塑城的史实。2017 年上海市城市总体规划获国务院批复，在迈向"人文之城"目标中，上海打造文化品牌的举措是推出"文创 50 条"，旨在为城市文化固本培元。在世界城市文化体系中，同样感受到从文博到艺术策展对城市文化发展的推动作用。以下是值得记忆的 2017 年与中国文化相关的关键事件。

一、中美文化交流

　　2017 年 3 月 27 日，全美最大规模中国文化艺术展览"帝国时代：中国秦汉文明"特展在纽约大都会艺术博物馆开幕；9 月 30 日起，费城富兰克林科学博物馆举办"兵马俑：秦始皇帝的永恒守卫"特展；6 月 17 日至 10 月 19 日波士顿美术博物馆举办"抱残守缺：中国八破画"；6 月 17 日，"伦勃朗和他的时代——美国莱顿收藏馆藏品展"在中国国家博物馆展出莱顿收藏的 70 余件绘画藏品，开启了莱顿收藏的首次全球巡展……它们标志着中美文化交流的盛况。9 月 26 日，刘延东副总理在纽约大都会艺术博物馆出席"中美文化论坛"并致辞，通过《首轮中美社会和人文对话行动计划》。

二、开馆热潮

　　嘉德艺术中心成为亚洲首家"一站式"艺术品交流新地标；以上海

浦东昊美术馆、北京的松美术馆开放为标志，民营美术馆迎来开馆潮。2017 年 12 月 2 日，招商蛇口和英国维多利亚与艾尔伯特博物馆的设计互联终于盛大开幕，在这里不仅能畅游设计、艺术大展，还可以参与众多公教活动，其中艺术与设计主题店的进驻也成为一大亮点。

三、天价拍品

艺术市场释放"回暖"信号，高价位拍品正在"回归"。从 2017 年 5 月日本电商大亨前泽友作以 1.105 亿美元拍得巴斯奎特《无题》起，拍卖界的成交纪录就前仆后继，一浪接着一浪。10 月，香港苏富比拍卖行的北宋汝窑天青釉洗以约合 2.39 亿元人民币的惊天价缔造了中国陶瓷新纪录。11 月，达·芬奇最后一幅可流通画作《救世主》以含佣金价 4.503 亿美元被沙特王储穆罕默德·本·萨勒曼收入囊中，至此世界最昂贵艺术画作诞生。12 月初，就在《救世主》藏家身份谜底揭晓当天，用 10 亿美金打造的阿布扎比卢浮宫宣布接手并将展出这幅旷世巨作。12 月 17 日，北京保利 12 周年秋季拍卖会上，齐白石于 1925 年创作的《山水十二条屏》以 9.315 亿元人民币成交，刷新了全球中国艺术品成交记录，他也因此成为首位跻身 1 亿美元俱乐部的中国艺术家。

四、 国际顶级画廊"东进"

2017 年秋天，国际顶级画廊豪瑟沃斯大跨步进入中国市场，于 10 月在北京和上海分别设立办事处，并宣布在香港中环新恒基大楼 H Queen's 的亚洲首个画廊空间将于 2018 年 3 月 26 日开幕。另一画廊巨头卓纳画廊亦宣布将在同一大楼开设亚洲地区首个空间，并于 2018 年

佳士得的造雨人亚历克斯·罗特和 Loic Gouzer 在木槌落下后的庆祝场景。图片：By Eduardo Munoz Alvarez Getty Images

1 月 27 日揭幕。至此，豪瑟沃斯、佩斯、卓纳将互为邻里、并肩作战。2017 年 9 月，国际顶级画廊 Lévy Gorvy 亦公布上海新址，前佳士得专家李丹青被任命为该画廊亚洲地区的高级主管，并将领衔新办公室。K11 艺术基金会也宣布了在 2023 年前扩张至中国九大

城市的计划。

五、华夏艺术圈"五宗最"

虽然 2017 年艺术圈之"最"会有挂一漏万的情形，但艺术对城市公众素养之影响可见一斑。

"最火爆"展：3 月 1 日，"大英博物馆 100 件文物中的世界史"在中国国家博物馆开幕，6 月 29 日又转至上海博物馆展出，让观众感悟到耳目一新的全球一体化的"故事"；9 月 6 日，故宫博物院展出的"赵孟頫书画特展"和"千里江山——历代青绿山水画特展"，让"故宫跑"成为一种向往与诉求。

"最好玩"展：流行于日常生活的直播在美术界也愈发流行。8 月 15 日，Facebook"向日葵直播"由伦敦国家美术馆、阿姆斯特丹凡·高博物馆、慕尼黑新美术馆、费城艺术博物馆、东京损保日本东乡青儿美术馆的艺术家轮番出镜（每人限 15 分钟），向网友讲述馆藏的凡·高作品《向日葵》，体现了艺术对城市要好玩也要深刻的道理。

"最国际"展：5 年一次的卡塞尔文献展、两年一次的威尼斯双年展，一年一次的巴塞尔艺博会都在 2017 年展出。威尼斯双年展主标题"艺术万岁"，中国馆主题为"不息"；9 月 24 日，全球首个达到 100 个参展国家的美术展"第七届中国北京国际美术双年展"，突出"丝路与世界文明"主题，共有 102 国的 567 位艺术家的 601 件作品展出。

"最慷慨"展：艺术家们将艺术品捐赠给国家，体现了"巨人"们崇高的境界和对国家艺术收藏事业的支持。2017 年共有常沙娜、袁运生等艺术家的 16 个项目列入国家美术作品收藏和捐赠项目。

"最科技"展：国内外艺术家团队为改变博物馆"无趣"的体验开发出可让"肖像"动起来的艺术博物展。旧金山现代艺术博物馆（SFMoMA）仅一周就收到 200 万条短信，该馆现有馆藏作品 34 678 件，观众以平均 7 秒一件的速度看完需要三天，于是"Send Me SFMoMA"短信服务应运而生。同样，7 月 15 日北京今日美术馆展出"Zip 未来的狂想——小米·今日未来馆"，将艺术与科技完美结合。

六、古根海姆争议

20 年前，西班牙一座不起眼的城，筑了一座名叫毕尔巴鄂古根海姆的美术馆。它的建立不仅缓解了地区矛盾，还增加就业并振兴了当地艺术生态。这样一座成立了 20 年的美术馆，能给中国的美术馆带来哪些启示呢？ 10 月，纽约古根海姆大展"1989 后的艺术与中国：世界剧场"展览在即将开幕之际，不敌舆论危言和暴力恐吓，把三件涉及动物权益的作品——彭禹和孙原的《犬勿近》、黄永砯的《世界剧场》和徐冰的《文化动物》从展览现场撤出。12 月初，古根海姆"何鸿毅家族基金中国艺术计划"第三回合，公布了最终参与该项目的艺术家名单。艺术家曹斐、段建宇、林一林、黄炳和杨嘉辉的作品将于 2018 年 5 月至 10 月展出，展品随后纳入馆藏。

七、零歧视与零骚扰

美国《时代》周刊——"打破沉默的人们"（The Silence Breakers）把发生在美国社会中的性骚扰和性侵害现象搬到了公众视野。

美国《时代》周刊——"打破沉默的人们"。图片：《时代》周刊

《艺术论坛》前联合出版人奈特·兰德斯曼（Knight Landesman）被纽约最高法院指控犯有不当的性骚扰行为，引起艺术界一片哗然。艺术圈的各界人士纷纷出面表态，"为确保每个人工作、生活在零骚扰、零歧视、透明、平等且专业的环境中"声援并贡献力量。"性骚扰"丑闻的余波继续蔓延，军械库艺博会总监本杰明·吉诺齐奥（Benjamin Genocchio）因受到性骚扰指控亦被解除职务。此后，业界再爆重大丑闻，如日中天的奥斯卡影帝凯文·史派西和 71 岁的时尚摄影大师布鲁斯·韦伯（Bruce Weber）相继被挖出不堪内幕。

八、共享的艺术未来

如今，数据共享化的洪流已经势不可挡，世界各地的艺术机构也纷纷加入这个全人类知识产权的变革大局，真正实现"无门的博物馆"。2017 年 2 月，纽约大都会博物馆向全世界用户开放了馆藏，涉及超过 37.5 万件藏品的高清图片及数据的使用权。几个月后，台北故宫紧随其后，把其庞大的实体收藏全面电子化，提供免费下载，成为中国首个实施此举动的中国艺术收藏机构。

九、中国博物馆上榜

2017 年 8 月，一份有关博物馆信誉的研究报告从产品和服务、创新能力、工作环境、管理、员工归属感、领导力和财务状况七大方面对全球最著名的 18 家艺术博物馆进行评分。18 家著名艺术博物馆中，唯一入选的中国博物馆——上海博物馆的信誉综合排名稳居榜单第 17 位。一个月后，旅游评价网站猫途鹰（TripAdvisor）发布的世界著名博物馆排行榜上，美国纽约大都会艺术博物馆不负众望，再次夺魁，成为最受观众喜爱的博物馆。而全世界最受欢迎的 25 家博物馆中，西安秦始皇陵博物馆榜上有名，位居第 24 位。最受猫途鹰用户喜爱的 50 家博物馆中，西安秦始皇陵博物馆则高居第 8 位。

十、远去的大师

这一年，艺术界除了给我们带来无尽的惊喜，也带走了我们身边挚爱的艺术前辈，令人唏嘘。2017 年 2 月，青年摄影师、诗人任航在柏林辞世，年仅 30 岁。7 月，北京故宫博物院的第四任院长、中国著名考古学家张忠培辞世，享年 83 岁。同月，诚品书店创办人吴清友在位于台北的办公室突发心脏病去世，享年 67 岁。一个月后，香港著名艺术藏家邓永锵爵士因病逝世，让告别成为一场派对。12 月 2 日上午，香港侨福集团主席、著名收藏家黄建华亦突然离世。12 月 5 日，当代艺术家、中国美院教授耿建翌因病逝世。12 月 14 日，著名诗人余光中在高雄医院过世，享寿 90 岁。

进入 2018 年，真正的新闻与史实是，21 世纪已经 18 岁了，但 2018 年第一缕阳光并不比往年更灿烂，它也只是在地球的又一次转动中照例洒向人间。需要说明的是《中国国家形象全球调查报告 2016—2017》显示，"一带一路"、中国高铁、中国文化乃至科技元素已成

纽约古根海姆大展"1989 后的艺术与中国：世界剧场"展览现场，作者与纽约前大都会艺术博物馆长托马斯·坎贝尔（Thomas Campbell）合影

为国家形象"亮点",用艺术讲好"中国故事"愈加迫切。再据第40次《中国互联网络发展状况统计报告》,截至2017年6月中国网民规模已升至7.51亿人,在网络文艺作品中,"互联网+"艺术作品已呈现新门类、技术含量高、互动性等特点。所以,无论你理解与否,2018年乃至未来的艺术设计之愿,都要寻找为城市、为公众的生活"艺事",这样才能在大数据时代用新的视域、新的格局、新的模式、新的业态、新的服务建构起文化经济的方向。下面对未来将发生的设计艺术事件略作展望。

2018年1月27日,卓纳画廊在亚洲的的首个空间在香港新恒基大楼开幕,首展将呈现比利时艺术家米凯尔·博伊曼斯(Michaěl Borremans)的全新油画作品,由Leo Xu Projects许宇以及詹妮弗·廉(Jennifer Yum)担任总监。

第四届纽约新美术馆(New Museum)三年展以"破坏之歌"(Songs for Sabotage)为名于2018年2月13日开幕,并持续至同年5月27日。除20余名西方艺术家参展外,本次三年展还力邀3位来自中国的艺术家,他们分别是黄炳、宋拓和沈莘。

自2017年9月国际画廊巨头豪瑟沃斯宣布设立香港空间后,2017年年末,正式公布其香港画廊将于2018年3月26日开幕。首展将呈现美国艺术家马克·布拉德福特(Mark Bradford)的新作,香港巴塞尔也将于同期开幕。

首届Art Chengdu国际当代艺博会将于2018年4月28日至5月2日在成都盛大开幕。作为中国中西部地区首个国际当代艺博会,Art Chengdu致力于成为亚洲乃至全球代表性的精品艺博会之一,以优质的服务和严格的标准为参展机构和观众提供最佳的艺博会新体验。

金维忻简介:帕森斯设计学院设计史论与策展研究硕士。

主题特殊的茶座：
媒体力量 + 北京西安 + 遗产普及

一、媒体力量：让建筑更美好

2016 年 8 月 3—4 日，"媒体的力量——让建筑更美好"系列研讨活动在河北建筑设计研究院有限公司举行。来自国内六家知名建筑媒体的代表与二十余位著名建筑师畅叙交流，旨在加强建筑师与建筑媒体之间的交流，探讨媒体在助力中国建筑发展、让建筑更美好等诸多方面做出有益的尝试。本次活动由河北建筑设计研究院有限公司、河北省勘察设计咨询协会、河北省土木建筑学会建筑师分会承办，《建筑评论》《城市建筑》《建筑技艺》《云南建筑》《H+A 华建筑》《建筑设计管理》等六家知名建筑媒体联合主办。全国工程勘察设计大师、北京市建筑设计研究院有限公司副董事长张宇主持并归纳了此次会议的三个要点：

这是落实中共中央"若干意见"所大力倡导建筑评论的恳谈会；

这是研讨如何靠传媒的手段提升建筑师社会地位的媒体传播会；

这更是支持中勘协，提升中国建筑设计奖项国际化水准的研讨会。

本次系列活动共分两个阶段：其一，是媒体自身的研讨和审视。8 月 3 日下午，在张宇大师的主持下，中国勘察设计协会专家委员会传媒专业委员会筹备会举行，六家知名媒体代表交流办刊经验，各取所长、共商合力，探讨成立传媒专委会的必要性及现阶段开展建筑传媒工作的重点和手段。2015 年 12 月中央城市工作会议及 2016 年 2 月 6 日《中共中央国务院关于进一步加强城市规划建设管理工作的若干意见》提出的"适用、经济、绿色、美观"的"新八字"建筑方针，已将发挥建筑师作用、体现社会责任及新建筑方针、倡导建筑评论等问题提到特殊高度。为此，六家媒体代表齐聚燕赵大地，倾听建筑师在传播建筑理念、传承建筑文化方面的诉求，在彰显媒体力量的同时，探讨媒体如何发挥正能量，如何落实中共中央文件中提到的建筑评论，如何更大范围、更大规模、更有深度地"发声"。《中国建筑文化遗产》《建筑评论》《建筑摄影》主编金磊及主编助理苗淼、《云南建筑》主编徐锋及编辑部主任郭丽丽、《建筑记忆》主编魏星、《城市建筑》编辑部主任崔元元、《建筑设计管理》市场部经理张力、《华建筑》主编助理隋郁等媒体代表，在会上针对近年开展的各项工作及重点发展目标做了简要汇报。其中《建筑评论》凝聚院士大师开展学术探讨、《建筑技艺》微信公众号运营策略、《建筑设计管理》与学会活动互补、《城市建筑》客座主编机制的引入及高校竞赛、《云南建筑》的运作机制、《华建筑》立足本土等亮点给业界同人留下深刻印象。

媒体的共识体现在：建筑师需要的不仅是建筑创作成果的直接彰显，更需要历史全程、建筑思想述评及视觉塑造等多方面的拓展。建筑媒体不但要传播当代城市建筑艺术设计的最新文化思潮，更要关注中国建筑这座世界瑰宝中的文化遗产，以客观、公正的对话开展建筑评论，要从评论话语权的"事理"分析上，搭建跨领域、跨文化、跨学科的平台。张宇大师小结时谈到，传播平台的搭建需要建筑界媒体的合力与支持，各家媒体应利用各自优势联合起来，各尽所能，推进建筑的真正发展。从中国勘察设计协会推优、评优、宣优三步入手，将评奖机制和传播效益无限拉长，让中国建筑师面向国际，服务全行业。金磊主编在发言中特别就关于"三书"、建筑文化活动、特色出版介绍了相关情况。其中

会议现场一

关于"三书"，他表示建筑师需要的不仅仅是建筑创作成果的直接彰显，更需要历史全程、建筑思想述评及视觉塑造等方面的拓展。2011 年 7 月编写《中国建筑文化遗产》，时任国家文物局局长单霁翔任顾问，国家文物局古建专家组组长罗哲文任名誉主编。2012 年年末，罗哲文辞世后，单霁翔出任名誉主编。该系列图书在传播当代最新城市建筑艺术设计文化思潮的背景下，特别关注被视为珍宝的中国建筑，因为它们是历史的见证人，科学的里程碑，艺术的不朽杰作。它将向中外建筑人士传播的是：中国建筑是世界建筑宝库中的一份珍贵遗产，其规制有序的城市布局，完整的实木构架系统，风格多变的艺术形象，绚丽多彩的建筑色调及魅力，不仅是中国古建筑的特点，更是中国建筑有别于西方建筑的成就。2012 年 10 月编写《建筑评论》，中国工程院院士马国馨任名誉主编。其第一辑编后记中提到：《建筑评论》旨在用评论之名来镌刻城市与设计时代。《建筑评论》倡导的最高境界是公正的对话，无论是公认的真实，或少数的真理，都要体现出批评的光芒。它强调内敛的文风，杜绝八股的文体，也反对偏激充斥的创新。2014 年 11 月创办《建筑摄影》，它系中国建筑学会建筑摄影委员会的会刊，名誉主编宋春华、马国馨。《建筑摄影》力求成为服务中国、瞩目世界的建筑摄影指南，更希望借助其推崇作品的独特审视视角，不仅搭建迈向更高层次的学习平台，更成为令国内外建筑界、摄影界、文化界认同的建筑摄影"圣经"。

8 月 4 日上午，第二阶段 "媒体的力量——让建筑更美好"交流会展开，其重点在于媒体人倾听建筑师对传播的需求。体制内外的建筑师代表针对建筑师群体需要的媒体、传播内容的深度与广度、建筑评论的社会作用、如何搭建中国建筑走向世界的平台等话题，与建筑媒体人进行了广泛的座谈。

谈及建筑师对媒体的诉求，河北建筑设计研究院有限责任公司总建筑师郭卫兵认为，每个时代的优秀建筑师都会留下宝贵的设计思想，建筑师不但需要介绍工程项目的学术期刊，更希望看到对老一辈建筑师精神的辨析。他希望媒体多关注地方设计院，因它们是代表着中国当代建筑风貌的最重要群体，媒体当以贴近民心的姿态，提升中国建筑师的整体素质。中国建筑设计院有限公司总建筑师李兴钢谈到，优秀的建筑媒体应该集学术性、独特性、专业化、国际化于一身。他认为，从某种意义上说，当前中国还没有真正意义的世界级大师及与之对应的权威建筑媒体，无论从专业意义上，还是从公众普及建筑文化的意义上都很欠缺。

加强建筑师修养不但要靠媒体搭建宣传平台，更要研究著名建筑师的思想和作品，通过他们的成长经历、知识结构、个人气质与建筑本身的关联等，理解优秀的建筑，这就对媒体产出内容提出了更高的要求。

张宇大师在总结时特别表示，中国勘察设计协会建筑设计分会承担着国内大奖荐优、评优、推优的责任，希望媒体的关注能给我们的工作带来新启示与新气象。他希望各级学会、协会要支持建筑评论乃至建筑批判。建筑评论需做到：建筑评论的自我批评、建筑评论要勇于走到"圈外"、建筑评论有责任推荐学术榜样。建筑评论是建筑创作与城市设计的一面镜子，是鼓励精品、提高审美、引导风向的重要力量，只有这样，在中国建筑审美观下的"中国好建筑"才会逐渐找到答案和方向，这是建筑师与建筑评论家共同的责任和使命。

金磊主编在会议中提出，无论是最好的时代，还是最坏的时代，致敬时代是每个建筑师与媒体人应有的思考。改革开放近40年，城市化的"野蛮生长"与近年来的"互联网＋"新媒体正加速改变着世界。颠覆与创新每天都在发生且不断解构着传统、落后的设计管理模式，乃至传统媒体都在催生新的经济体过程中，更新着建筑师与传媒工作者的设计理念与传播敏感。特别值得提及的是《若干意见》在第七条加强建筑设计管理中提出"倡导开展建筑评论，促进建筑设计理念的交融和升华"。建筑评论由于其对建筑创作规律的准确把握，犹如一位"医生"，不仅要揭示病理病变，更能疗疾治病，其评论标准至少涉及作品的人民性，建筑

与会嘉宾合影

是否真正适用耐用、是否有文化赏析内涵、技术上的创新度及经济性等。从全媒体时代的传播方式看，建筑评论的职责和任务在任何情况下都不会变，推优贬劣，去粗存精，鉴定经典，品评作品与人物恰恰是建筑评论的真谛。金磊建议研讨主题应该包括：传播体制、语境的多元化；传播内容的科学化与系列化；传播思想的专业与普及的双线并行化；传播中国建筑师设计理念的深度与广泛化（历史、文化、事件、人物……）；中国建筑设计如何走向世界的传播引导与模式化研究；关注建筑评论的社会作用。

与会人员一致认为，中国建筑传播的共同发展将为中国设计行业带来转变，这不仅对建筑创作有所触动，还将对有媒体监督的"建筑后评价"产生积极作用。中

会议现场一

国建筑传播的大联合仿如一场跨界的设计文化与教育的预演，它将给中国建筑设计行业带来转变。对社会而言，由于探索了面向中国公众媒体的专门建筑传播平台，从而成为落实建筑文化普惠公众的开始，也使建筑评论走向城市与公众社会成为可能。

二、西安和北京——倾听它们为业界展示的"双城记"

西安乃13朝古都，北京也有着2 000多年建城史和800余年建都史。现在两个城市都正走在传统与现代、传承与创新的轨道上，它们在许多方面，无论是城市作品还是标志性建筑，甚至设计理念都引领着中国建筑设计的方向。2016 年 12 月 8 日，"新年论坛：倾听西安与北京的'双城记'"在西安拉开帷幕，这也是坚持了 15 年的建筑界品牌活动"新年论坛"首次在北京外举行。本次活动由中国建筑西北设计研究院有限公司 U/A 设计研究中心、陕西省土木建筑学会建筑师分会、北京建院约翰马丁国际建筑设计有限公司、《中国建筑文化遗产》《建筑评论》"两刊"编辑部主办，北京建院约翰马丁国际建筑设计有限公司西安分公司承办。西安市人民政府参事、西安市规划局原局长和红星，全国工程勘察设计大师、北京市建筑设计研究院有限公司副董事长张宇，中国建筑西北设计研究院有限公司总建筑师赵元超，北京建院约翰马丁国际建筑设计有限公司董事长、总经理朱颖，陕西派昂现代艺术有限公司创始人任军先生等来自建筑界、规划界、艺术界的三十余位专家学者参会。《中国建筑文化遗产》《建筑评论》主编金磊主持本次会议。

金磊主编在主持词中阐释了本次新年论坛的主题宗旨："为什么用西安与北京的'双城记'为题，因为这两个都城都肩负着太重的传承与创新的任务，唯有它们的对话交流才有沧桑之美和雄浑之姿。以西安、北京'双城记'为题的论坛，就是希望'两地'建筑师从自身的文化修养与视角出发思考并评介，为什么文化不可复制、不能简单移植？为什么城市各种表面比美实则比丑的奇葩建筑日盛之时，恰恰是城市文脉被切断之时？为什么文化是城市的品位和底气，建筑如何承载这些文化？……这不仅是理论和实践的命题，更是城市发展的前途。"

和红星局长以"千年古都，对话历史"为题，深情表达了数十年来

与会专家合影一

对西安城市理论的求索、实践及情怀。"如果说，中华民族文化是一棵大树，到上海时，看到了这棵树浓郁的叶子，到北京时看到了这棵树粗壮的树干，来到西安，看到了这棵树茁壮、苍劲的根系。无论是北京还是西安，人们总是因为这些独具特色的建筑而记住了这座城市，因为这些建筑而感受到了这座城市独特的文化魅力，从而也就看到了这座城市的城市特色、城市之魂！"

张宇大师作为故宫博物院北院的设计者，以该项目为题，向与会者诠释了现代语境下对中国传统建筑文化的传承与发扬。"现代语境像一个平台，由许多要素拼合而成，是一种表征，它为传统提供了延续的条件和基础，而传统往往蕴藏在精神层面，它可以是纷繁表象下隐藏的共

会议现场一

会议现场二

通的内核，也是现代建筑创作永不枯竭的灵感源泉。在全球建筑现代性的大语境下，我们的建筑蕴含的精神其实同国画、书法、器物等所承载的一致。尽管西方思想在各个层面融入，我们在迎接变化的过程中难免曲折，我们始终求索在创作中实现'中国性'的回归。"

赵元超总建筑师则从多年来"在遗产边上做设计"的理论研究与实践探索入手，以"西安南门综合改造设计"为例，提出"碎片化历史空间的现代重建"命题。"缝合、围合、融合、叠合、复合、整合是西安南门综合提升改造的六个关键词，它们实际上表达了六合与和合的概念，它是中国的一种哲学概念，一种意境。""缝合主要在于城市的交通空间和城市的历史与未来，围合着眼于广场空间和环境氛围，融合主要指建筑风格和尺度，叠合是文化的多元和包容，复合是功能的完善和现代设施的配套，整合则体现了思想和文化的共识。"

朱颖董事长以其主持设计的代表性项目吉安文化艺术中心、DNA 试剂高技术产业化示范工程、通用电气医疗（GEHC）中国科技园为例，提出了"建境共生·筑景相融"的设计理念，即"历史环境、人文环境、自然环境、城市环境与物质条件及公众心理的融合"。

朱颖作主题汇报

本次茶座还进行了城市、建筑、文博、艺术多领域的高校与设计院所的跨界交流，与会嘉宾特别就传统建筑文化、如何处理好现当代建筑设计中的传统要素与精髓、如何看待 20 世纪建筑遗产的价值、高校建筑设计教育、如何在介绍西方建筑思潮时强化中国当代建筑文化等议题展开有价值的讨论。

三、遗产普及：亟需的《20 世纪建筑遗产知识读本》

在中国文物学会 20 世纪建筑遗产委员会会长单霁翔院长、马国馨院士的倡议和指示下，为迎接第二十二个"世界读书日"，《中国建筑文化遗产》《建筑评论》编辑部与中国建筑技术集团有限公司于 2017 年 4 月 13 日在中国建筑科学研究院联合主办纪念活动，同时启动《20 世纪建

筑遗产知识读本》（暂定名）编撰工作。

　　会议邀请在20世纪建筑遗产研究方面有所建树的国内部分专家学者、建筑学博士、出版传播界人士参会。中国建筑技术集团有限公司总建筑师罗隽、华南理工学院建筑学院教授彭长歆、中国文化遗产研究院研究员崔勇、中国文化遗产研究院研究员永昕群、中国建筑图书馆原馆长季也清、北京建筑大学建筑与城市规划学院副教授陈雳、天津大学出版社原副社长韩振平、《中国建筑文化遗产》副总编辑殷力欣及李沉、清华大学建筑学院博士李海霞、天津大学建筑学院博士生林娜、中国文物学会20世纪建筑遗产委员会办公室主任苗淼、《中国建筑文化遗产》编辑部副主任董晨曦等参加了研讨。

　　中国文物学会20世纪建筑遗产委员会副会长、秘书长金磊主持并解读了该书编撰的意图，即以纪念联合国教科文组织第二十二个世界读书日为背景，在此基础上畅谈何为有价值的建筑阅读、如何选择有价值的建筑遗产读物、如何创作有影响力并对公众普惠建筑文化有意义的图书。

　　之所以组织国内中青年专家完成《20世纪建筑遗产知识读本》，不仅仅是为了补上国内尚缺少的该类图书空白，最重要的是要告诉国内建筑界、文博界、艺术界，20世纪建筑遗产是丰富的宝库，对它的保护弥足珍贵。现在的问题是如何才能让公众理解专业人士正从事的建筑设计、文博保护与教育、艺术创作等，这都需要从20世纪及城市化进程中汲取养料。20世纪建筑遗产尤其要将作品、人物、事件、思想融为一体来研究、来宣传，缺一不可。据此，与会专家建议针对五类问题分别研究：

1. 关于该书应包括主要内容的研讨；

2. 关于该书以建筑为中心，同时兼顾 20 世纪事件、人物的认知；

3. 关于该书要包括中外以及比较，特别是发达国家先进经验借鉴的介绍；

4. 关于该书如何以跨界之思适当涉及 20 世纪设计、美术、服饰、电影与摄影、文学等内容，旨在通过 20 世纪建筑遗产的"平台"拓展大建筑的思路，同时还要兼顾 20 世纪有影响的建筑图书等；

5. 关于该书在反映 20 世纪建筑遗产项目时，我们特别注意到，有些项目之所以能够成为"遗产"，不仅仅得益于历史价值、文化价值，还源于它独一无二的具有创新意义的、为时代可写下重要一页的科学技术价值。如精湛的结构技术、重要的机电技术等，所以本书要有少量篇幅去描述这些内容。

金磊主编提议，会后由彭长歆教授、殷力欣研究员、李沉副总编共同在研讨主题的基础上确定该书的纲目。

《建筑评论》编辑部

图 / 苗淼、朱有恒

与会专家合影二

编后·有价值的评论要经得住时间检验

金磊

　　时间无法倒流，但却能严丝合缝地合流。前一段时间有位细心的业界朋友发现，2014 年的日历与 1986 年的日历、阳历日期、星期竟完全重合。历史的快车终于驶入今天，日历的重合与"穿越"究竟会启迪到我们什么。转眼间，2017 年又剩下最后的时刻了。在《读书》2016 年6 月号上，有熟识的国家图书馆原馆长詹福瑞的《学者的魅力》一文。由于共同主办了"中国建筑图书奖"活动，本人与詹先生见过几面，但他的学者气质给我的印象很深。在《学者的魅力》中，他回忆到不少与他擦肩而过的人，尤其赞赏北大高材生、一位有人格力量的学者裴斐。1979 年裴斐被摘掉了"帽子"，他回来了。文字精彩地描述着"作为以真理为信念的裴斐、作为知识分子的裴斐回来了。他回到学术界、回到教育界，他不再年轻，不再意气风发，但他仍然闪耀着学术精进的锐气，仍然带着追求真理、不避不让的锋芒……他相信，学术能够干预现实、教育能够改造社会。如当大家都看到李白飘逸时，裴斐看到的是什么？是士人之悲，豪中见悲，悲中见豪"。这是我从詹福瑞文章中感悟到裴斐前辈可敬的个性研究与学术风骨。

　　《建筑传播论——我的学思片段》是本人于 2017 年 5 月推出的建筑传媒 20 年学术历程记，其内容中的事件与实践较充分，真正的理论归纳还是初步。在当下世界性传媒转型中，哀悼时光真不如留住灵魂，重在找准自己的立场、方法与观点。有人说，城市史研究要依靠文献、地图和实地考察。我则认为，研究历史上的城市选址有助于认识今天的防灾减灾与安全城市。当代建筑传播行走在雅俗与社会责任之间，重在启发中国知识分子的所思所想所做。为此我在《建筑传播论——我的学思片段》中大胆地将"四书"的近 20 年 150 篇"主编的话"及编后"纳入"其中，旨在"以人带史"，让自己与读者感受 20 载中国建筑界的城市时代气息，从一个"主编"的性格与情趣中，总括出城市社会发展的"旋涡""色调"与非个人的"言行录"。《建筑传播论——我的学思片段》第五章中笔者曾说："学刊虽是编辑部集体智慧与综合实力的反映，但确有一本期刊，一个时代；一本期刊，一个城市；一本期刊，一个行业；一本期刊，一种文化灵魂的种种赞誉……一本学刊的厚重度、思想性乃至人文情怀都是主编思维水平及办刊理念的反映。"当下，具有革命性的云传播乃至新媒体的文化信码，都具有移动性、泛在性、实时性和大数据性的特征，但媒体人的深味，创作所需要的根深厚植，离不开创新的思与辩。2017 年 5 月 23 日在石家庄兵器集团北方院的"匠心·创新"研讨会上，笔者在主持语中强调，"创新是一个探索过程；创新是个渐进过程；创新更是设计机构综合管理能力进发的过程"，其核心思想是要恰当地在建筑创作中引入有意义的"新鲜空气"。对此我一直认为，一个城市之所以伟大不该看它有多高的摩天大厦，因为"一高"不能遮百丑，"高度"竞争还凸显发展的盲目性，只有敬畏每一寸城市生活空间方为长久之计。问题是至今"北上广"中的某些项目还在上演这"丑剧"。

2017 年 5 月，中国建筑界确有两桩大事：其一，5 月 17 日中国建筑学会等在清华大学大礼堂举办具有国际意义的第八届梁思成建筑奖盛典，马来西亚建筑师杨经文及中国建筑师周恺获此殊荣。有人问，此活动何以在清华园举办？这不仅因为有梁思成的清华英名，还因为有百年清华丰碑的精神，即明耻图强的爱国精神、严谨务实的求真精神、人文日新的进取精神和海纳百川的包容精神，正如日晷上"行胜于言"的清华人指南的写照。但自 5 月 17 日的盛典报道上发现，不少主流媒体都在怪怪地过多地注重宣传外国建筑师。其二，5 月 23 日在北京大学百年讲堂纪念大厅迎来中国工程院院士何镜堂的"地域性·文化性·时代性——为激变的中国而设计"的展览与研讨。对此哈佛大学杰出教授彼得·罗评介道："建筑必须从当地文化、环境、气候等方面获得灵感……何镜堂和他的团队坚定地拒绝将建筑从更广阔的文化和地方传统与遗产中切割开来，才标记了如此值得铭记的重大事件，如此令人瞩目和引人入胜。"面对数以百计的作品与 14 座代表性展览项目，何镜堂强调："我选择了一条设计与研究、创作与教育相结合的道路，一条辛苦但快乐的路。"无论是清华还是北大的会之所以受"热捧"，参会建筑师不仅以彼此借力拓展自身的设计研究深度，更在于对自由思想的追求及对权威的挑战；

不仅要温传统的"故"，更要知创造的"新"。这正是原创性不在彼岸而在本土，建筑形式出新在内涵更在实用与归真。2017年恰逢"七七"事变80周年，回望国家在2014年设立的国家公祭日（9月3日及12月13日），我们该不该有七七事变全面抗战爆发及公众参与度提高的全社会记忆与反思呢？2010年建筑文化考察组的《抗战纪念建筑》研究与出版，是以建筑的名义纪念抗战的绝好开始，它留下在历史深处自我惊醒的启迪。

1917年发生了改变世界历史地图的重要历史事件——俄国十月革命。同样，在中国兴起提倡白话文的文学革命，导致了中国文学的深刻断裂和重要转向。十月革命为五四文学革命和新文化运动提供了历史视野和思想资源。1919年北大创办的《新潮》与《新青年》并肩作战，杂志英文名Renaissance（意为文艺复兴），包含着20世纪新的时代潮流，这里的断想与引申意义丰富。从2012年10月，《建筑评论》问世已经5周年，从多方面观察了中国建筑评论的走向。至少在2014年末以后，建筑评论以及后来的"新八字"建筑方针受到中央及业界一致认同。从尚不全面的省思与归纳看，建筑评论的"动态"已是：（1）找到了建筑现象与倾向评析中的问题；（2）传统评论与网评的研讨渐趋深化；（3）评论的现状反思与问题自省相互促进；（4）评论与建筑创作相互促进，使创作与评论新人新媒体崛起等。事实上，建筑评论是要有"战略"与"战术"的，一位优秀的评论家要在潜心的阅读观察后一针见血地点出建筑对象的问题症结，因为有价值的评论是让建筑师服膺，并可经得住时间的检验。

必须注意到，由于审美趣味及能力的差异，当下建筑批评的误判不是批评错了，而是表扬错了。诗圣杜甫有话"文章憎命达"，而在当代无法绝缘于喧哗的状态下，评论家该怎样自处呢？我想应该重在时刻清醒地了解哪些评论是真的"走心"，而非"走

2017年5月25日，何镜堂在北京大学百年讲堂纪念大厅建筑作品展上

过场"，哪些是必须遏止的不合时宜的设计。何为评论写作的根本力量，怎样的评论文字才算内容充实的好文章，如何省思才可最大限度勉除思维的谬误，都是《建筑评论》要持续思考并不断探索的命题。

　　2017年12月2日在安徽池州由中国文物学会、中国建筑学会联合公布100项"第二批中国20世纪建筑遗产项目"，从建筑评论视角看，其意义标志着行业在"大建筑观"上的进步，标志着20世纪建筑遗产的榜样之力。2017年12月16日，中国建筑界具有里程碑意义的会议在同济大学召开，成立了以中国科学院院士郑时龄为主任委员的"中国建筑学会建筑评论学术委员会"，本人荣幸当选副主任委员。我在下午主持"当代中国城市建筑论坛"时表示，中国建筑评论要走方向准、立意新、有标准的道路，要改变建筑评论边缘化的境地。从评论思想上要三个精神，即2015年中央城市工作会强调的"统筹改革、科技、文化三大动力，以提高城市发展可持续性"；2016年2月中央明确了"适用、经济、绿色、美观"的八字建筑方针，突出了城市文化空间要素在历史弥新审美下的传承与创新；2017年12月11日住建部建筑市场监管司发文强调民用建筑中要发挥建筑师的作用。凡此种种都说明加大建筑评论力度势在必行。从此种意义上看，很难设想一个有希望的中国建筑界能够缺少建筑评论的支撑。在这方面无论是郑时龄的开放性的实践活动、杨永生的关于中国现代史的审视、张钦楠的"反馈—前馈"观还是马国馨强调的行业之自身免疫系统，都值得当代建筑师、评论家去省思。

《中国建筑文化遗产》《建筑评论》主编
中国建筑学会建筑评论学术委员会副理事长

2017年12月25日